图像中国建筑史

A Pictorial History of Chinese Architecture

关于中国建筑结构体系的发展及其形制演变的研究

A Study of the Development of Its Structural System and the Evolution of Its Types

梁思成 英文原著

费慰梅 编

梁从诫 译

孙增蕃 校

五洲传播出版社
China Intercontinental Press

图书在版编目（CIP）数据

图像中国建筑史 / 梁思成著；梁从诫译 . —— 北京：五洲传播
出版社，2024.6

ISBN 978-7-5085-5152-4

Ⅰ . ①图⋯ Ⅱ . ①梁⋯ ②梁⋯ Ⅲ . ①建筑史—中国—古代
—图集 Ⅳ . ① TU-092

中国国家版本馆 CIP 数据核字 (2024) 第 020519 号

图 像 中 国 建 筑 史
A Pictorial History of Chinese Architecture

作　　者	梁思成
译　　者	梁从诫
出 版 人	关　宏
责任编辑	梁　媛
装帧设计	红方众文　朱丽娜
出版发行	五洲传播出版社
地　　址	北京市海淀区北三环中路 31 号生产力大楼 B 座 6 层
邮　　编	100088
发行电话	010-82005927，010-82007837
网　　址	http://www.cicc.org.cn，http://www.thatsbooks.com
印　　刷	北京利丰雅高长城印刷有限公司
版　　次	2024 年 6 月第 1 版第 1 次印刷
开　　本	787mm×1092mm　1/12
印　　张	19
字　　数	240 千
定　　价	98.00 元

纪念梁思成、林徽因和他们在中国营造学社的同事们。经过他们在 1931 年至 1946 年那些多灾多难的岁月中坚持不懈的努力，发现了一系列珍贵的中国古建筑遗构，并开创了以科学方法研究中国建筑史的事业。

目录

致谢 [1]

为了使梁思成的这部丢失了多年的著作能够如他生前所期望的那样奉献给西方读者，许多钦慕他和中国建筑的人曾共同作出过努力。其中，首先应归功于清华大学建筑系主任吴良镛教授。1980年，他委托我来编辑此书并设法在美国出版。我非常高兴能重新承担起33年前梁思成本人曾托付给我的这个任务。

美国马萨诸塞州理工学院出版社[2]向以刊行高质量的建筑书籍而负盛名，蒙他们同意出版本书，使这个项目得以着手进行。然而，海天相隔，怎样编好这么一部复杂的书，却是一大难题。幸运的是，我们得到了梁思成后妻林洙女士的竭诚合作。她也是清华大学建筑系的一员，对她丈夫的工作非常有认识并深情地怀念着他。我同她于1979年在北京相识，随后，在1980年和1982年又在那里一道工作。她利用自己的业余时间，三年中和我一起不厌其烦地做了许多诸如插图的核对、标码、标题、补缺之类的细致工作，并解答了我无数的问题。我们航信频繁，她写中文，我写英文，几年中未曾间断。这里，我首先要对这位亲爱的朋友表示我的感激。

1980年夏，本书的图稿与文稿在北京得以重新合璧。此后，我曾二访北京。这些资料奇迹般地失而复得，为我敞开了回到老朋友那里去的大门。我的老友，梁思成的妹妹梁思庄，梁思成的儿子梁从诫和他的全家，还有他们的世交金岳霖都热情地接待了我，并给了我极大的帮助。我还有幸拜访了三位老一辈的建筑师，后来又和他们通信。他们是梁思成在美国宾夕法尼亚大学求学时代的同窗，又是他的至交，即现在已经故去的杨廷宝和童寯，还有陈植。在20世纪30年代曾参加过中国营造学社实地调查的较年轻的建筑史学家中，我曾见到了莫宗江、陈明达、罗哲文、王世襄和刘敦桢的儿子、学生刘叙杰。战争时期，当营造学社避难到云南、四川这些西南省份的时候，他们都在那里。还有一些更晚一辈的人，即战后50年代以来梁思成在清华大学的学生们。

[1] 费慰梅（Wilma Canon Fairbank，1909—2002年），美国著名汉学家，曾任美国驻华大使馆文化参赞。费慰梅女士是梁思成、林徽因的挚友，本书英文稿得以正式出版面世的促成者、编辑整理者。——本版次编辑者补注

[2] 此处译名之"马萨诸塞州理工学院"（Massachusetts Institute of Technology，简称MIT），旧译"麻省理工学院"似更为通行。——本版次编辑者补注

他们在本书付印前的最后阶段曾给了我特殊的帮助，特别是奚树祥、殷一和、傅熹年和他在北京中国建筑技术发展中心的同事孙增蕃等几位。本书书末的词汇表主要依靠他们四位的帮助：傅熹年和他的同事们提供了一些新的照片；奚树祥为编者注释绘制了示意图并提供了多方面的帮助。

伦敦的安东尼·兰伯特爵士和蒂姆·罗克在重新寻得这批丢失了的图片的过程中起了重要作用。丹麦奥胡斯大学的爱尔瑟·格兰曾对我有过重要影响。她是欧洲首屈一指的中国建筑专家，也是一位钦慕梁思成的著作的人。她曾同我一道为促使本书出版而努力。我在开始编辑本书之前，就从她那里受到过很多的教益。

在美国，我曾得到宾夕法尼亚大学、普林斯顿大学、耶鲁大学和哈佛大学档案室的慷慨帮助。在普林斯顿大学，罗伯特·索普和梁思成过去的学生黄芸生曾给了我指导和鼓励。我在耶鲁大学的朋友乔纳森·斯彭斯、玛丽斯·赖特、玛丽·加德纳·尼尔以及建筑师邬劲旅始终支持我的工作，特别是后者介绍给我海伦·奇尔曼女士，她是梁思成 1947 年在耶鲁大学讲学时所用的中国建筑照片的幻灯复制片的保管者。哈佛大学是我的根据地，我经常利用哈佛—燕京学社图书馆和福格艺术博物馆，我应向前者的主任吴尤金（译音）和后者的代理主任约翰·罗森菲尔德致以特别的谢意。日本建筑史专家威廉·科尔德雷克对我总是有求必应。这里的建筑学家们也都乐于帮助我，特别是孙保罗（译音）和戴维·汉德林两位，他们一开始就是这本书的积极支持者，而罗宾·布莱索则为我的编辑工作又做了校阅和加工。我的朋友琼·希尔两次为我打印誊清。我的妹妹海伦·坎农·邦德曾给予我亲切的鼓励和许多实际帮助。

美国哲学会和全国人文学科捐赠基金会资助了我的研究工作和旅行。我的北京之行不仅富于成果，而且充满乐趣，这主要应归功于加拿大驻华使馆的阿瑟·孟席斯夫妇和约翰·希金波特姆夫妇对我的热情招待。

我的丈夫费正清（John K. Fairbank）一直待在家里，这是他唯一可以摆脱一下那个斗栱世界的地方，在我编辑此书的日子里，这个斗栱世界搅得我们全家不得安生。像往常一样，他那默默的信赖和当我需要时给予我的内行的帮助总使我感激不尽。

费慰梅（Wilma Fairbank）

序 [1]

　　杰出的中国建筑学家梁思成，是中国古建筑史研究的奠基人之一。他的这部著作（系用英文）撰写于第二次世界大战期间，当时，他刚刚完成了在华北和内地的实地调查。梁思成教授本来计划将此书作为他的《中国艺术史》这部巨著的一部分；另一部分是中国雕塑史，他已写好了大纲。但这个计划始终未能实现。

　　现在的这部书，是他早年研究工作的一个可贵的简要总结，它可使读者对中国古建筑的伟大宝库有一个直观的概览；并通过比较的方法，了解其"有机"结构体系及其形制的演变，以及建筑的各种组成部分的发展。对于中国建筑史的初学者来说，这是一部很好的入门教材，而对于专家来说，这部书也同样有启发意义。在研究中，梁思成从不满足于已有的理解，并善于深入浅出。特别值得指出的是，由梁思成和莫宗江教授所亲手绘制的这些精美插图，将使读者获得极大的审美享受。

　　梁思成终身从事建筑事业，有着多方面的贡献。他不仅留给我们大量以中文写成的学术论文和专著（几年内将在北京出版或重刊），而且他还是一位备受尊敬的、有影响的教育家。他曾经创建过两个建筑系——1928年辽宁省的东北大学建筑系和1946年的清华大学建筑系，后者至今仍在蓬勃发展。他桃李满天下，在中国许多领域里都有他的学生在工作。1949年以后，梁思成又全身心地投入了中国的社会主义建设事业，在中华人民共和国国徽和后来的人民英雄纪念碑的设计工作中，被任命为负责人之一。此外，他还为北京市的城市规划和促进全国文物保护做了大量有益的工作。他逝世至今虽然已经十多年，但人们仍然怀着极大的敬意和深厚的感情纪念着他。

---

[1]　这篇序是吴良镛教授应费慰梅之请，为1984年在美国出版的本书英文原作而写的。——梁从诫注

这部书终于得以按照作者生前的愿望在西方出版，应当归功于梁思成的老朋友费慰梅（Wilma Fairbank）女士。是她，在梁思成去世之后，帮助我们追回了这些已经丢失了二十多年的珍贵图版，并仔细地将文稿和大量的图稿编辑在一起，使这部书能够以现在这样的形式问世。

吴良镛

清华大学建筑系主任
中国科学院技术科学部委员

梁思成传略

1935年考察古建筑时的梁思成（梁思成1935年测绘河北正定隆兴寺时留影）

Liang Ssu-ch'eng at work, around 1935

长久以来，对于我们西方人来说，中国的传统建筑总因其富于异国情趣而令人神往。那些佛塔庙宇中的翼展屋顶、宫殿宅第中的格子窗棂、庭园里的月门和栱桥，无不使18世纪初的欧洲设计家们为之倾倒，以致创造了一种专门模仿中国装饰的艺术风格，即所谓 Chinoiserie。他们在壁纸的花纹、瓷器的彩绘、家具的装饰上，到处模仿中国建筑的图案，还在阔人住宅的庭院里修了许多显然是仿中国式样的东西。这种上流阶层的时尚1763年在英国可谓登峰造极，竟在那里的"克欧花园"中建起了一座中国塔；而且此风始终不衰。

在中国，工匠们千百年来发展出这些建筑特征，则是为了适应人们的日常之需，从蔽风遮雨直到奉侍神明或宣示帝王之威。奇怪的是，建筑却始终被鄙薄为匠作之事而引不起知识界的兴趣去对它作学术研究。直到20世纪，中国人才开始从事本国建筑史的研究工作，而其先驱者就是梁思成。

梁思成（1901—1972年）的家学和教育，注定使他成为中国第一代建筑史学家领导者的最适合人选。他是著名的学者和改革家梁启超的长子。他热爱父亲并深受其影响，将父亲关于中国的伟大传统及其前程的教诲铭记在心。他的身材不高，却有着缜于观察、长于探索、细致认真和审美敏锐的天资，喜爱绘画并工音律。虽是在父亲被迫流亡日本时出生于东京，他却在北京长大。在这里，他受到了两个方面的早期教育，后来的事实表明，这对于他未来的成就是极其重要的。首先，是在他父亲指导下的传统教育，也就是对于中国古文的修养，这对于日后他研读古代文献、辨识碑刻铭文等等都是不可少的；其次，是在清华学校中学到的扎实的英语、西方的自然科学和人文学科知识。这些课程是专为准备出国留学的学生开设的。他和他的同学们都属于中国知识分子中那杰出的一代，具有两种语言和两种文化的深厚修养，能在沟通中西文化方面成绩卓著。

梁思成以建筑为其终身事业也有其偶然原因。这个选择是一位后来同他结为夫妻的姑娘向他建议的。这位姑娘名叫林徽因，是学者、外交家和名诗人林长民之女。1920 年（此处英文原文有误）[1]，林长民奉派赴英，年甫 16 岁的林徽因被携同行。她非常聪颖、敏捷和美丽，当时就已显示出对人具有一种不可抗拒的吸引力，这后来成了她一生的特质。她继承了自己父亲的诗才，但同样爱好其他艺术，特别是戏剧和绘画。她考入了一所英国女子中学，迅速地增长了英语知识，在会话和写作方面达到了非常流利的程度。从一个以设计房子为游戏的英国同学那里，她获知了建筑师这种职业。这种将日常艺术创造与直接实用价值融为一体的工作深深地吸引了她，认定这正是她自己所想要从事的职业。回国以后，她很快就使梁思成也下了同样的决心。

他们决定同到美国宾夕法尼亚大学建筑系学习。这个系的领导者是著名的保罗·克雷特，一位出身于巴黎美术学院的建筑家。梁思成的入学由于 1923 年 5 月在北京的一次摩托车车祸中左腿骨折而被推迟到 1924 年秋季。这条伤腿后来始终没有完全康复，以致梁思成落下了左腿略跛的残疾。年轻时，梁思成健壮、好动，这个残疾对他损害不大；但是后来它却影响了他的脊椎，常使他疼痛难忍。

宾大的课程继承了巴黎美术学院的传统，旨在培养开业建筑师，但同样适合于培养建筑史学家。它要求学生钻研希腊、罗马的古典建筑柱式以及欧洲中世纪和文艺复兴时期的著名建筑。系里常以绘制古代遗址的复原图或为某未完成的大教堂作设计图为题，举行作业评比，以测验学生的能力。对学生的一项基本要求是绘制整洁、美观的建筑渲染图，包括书写。梁思成在这方面成绩突出。在他回国以后，对自己的年轻助手和学生也提出了同样高标准的要求。

梁思成在宾大二年级时，父亲从北京寄来的一本书决定了他后来一生的道路。这是 1103 年由宋朝一位有才华的官员辑成的一部宋代建筑指南——《营造法式》，其中使用了生僻的宋代建筑术语。这部书已失传了数百年，直到不久前它的一个抄本才被发现并重印。梁思成立即着手研读它，然而如他后来所承认的那样，却大半没有读懂。在此之前，他很少想到中国建筑史的问题，但从此以后，他便下了决心，非把这部难解的重要著作弄明白不可。

---

[1]　1984 年英文版将年代记作 "1921 年"。——本版次编辑者补注

林徽因也在1924年的秋季来到了宾大，却发现建筑系不收女生。她只好进入该校的美术学院，设法选修建筑系的课程。事实上，1926年她就被聘为"建筑设计课兼任助教"，次年又被提升为"兼任讲师"。1927年6月，在同一个毕业典礼上，她以优异成绩获得美术学士学位，而梁思成也以类似的荣誉获得建筑学硕士学位。

在费城克雷特的建筑事务所里一同工作了一个暑假之后，他们两人暂时分手，分别到不同的学校深造。由于一直对戏剧感兴趣，林徽因来到耶鲁大学乔治·贝克著名的工作室里学习舞台设计；梁思成则转入哈佛大学，研究西方学者关于中国艺术和建筑的著作。

就在这一时期，正当梁思成二十多岁的时候，第一批专谈中国建筑的比较严肃的著作在西方问世了。1923年和1925年，德国人厄恩斯特·伯希曼出版了两卷中国各种类型建筑的照片集。1924年和1926年，瑞士一位艺术史专家喜龙仁发表了两篇研究北京的城墙、城门以及宫殿建筑的论文。多年以后，作为事后的评论，梁思成曾经指出："他们都不了解中国建筑的'文法'；他们对于中国建筑的描述都是一知半解。在两人之中，喜龙仁较好。他尽管粗心大意，但还是利用了新发现的《营造法式》一书。"

由于梁思成的父亲坚持要他们完成学业后再结婚，梁思成和林徽因的婚礼直到1928年3月才在渥太华举行，当时梁思成的姐夫任当地中国总领事。他们回国途中，绕道欧洲作了一次考察旅行，在小汽车里走马看花地把当年学过的建筑物都浏览了一遍，游踪遍及英、法、西、意、瑞士和德国等地。这是他们第一次一同进行对建筑的实地考察，而在后来的年月中，这种考察旅行他们曾进行过多次。同年仲夏他们突然获知国内已为梁思成找到了工作，要求他立即到职。而直到此时，他们才得知梁思成的父亲病重，不久，梁父便于1929年1月过早地去世了。

1928年9月，梁思成应聘筹建并主持沈阳东北大学建筑系。在妻子和另外两位宾大毕业的中国建筑师的协助下，他建立了一套克雷特式的课程和一个建筑事务所。中国的东北地区是一片尚待开发的广袤土地，资源丰富，若不是受到日本军国主义的威胁，在这里进行建筑设计和施工本来是大有可为的。这几位青年建筑师很快就为教学工作、城市规划、建筑设计和施工监督而忙得不亦乐乎。然而，1931年9月，在梁思成仅到校三年之后，日本人就通过一次突然袭击攫取了东北三省。这是日本对华侵略的第一阶段。这种侵略此后又延续了 14 年，而从 1937 年起爆发为武装冲突。

这个多事之秋却标志着梁思成在事业上的一次决定性的转折。当年 6 月，他接受了一个新职务，这使他后来把自己精力最旺盛的年华都献给了研究中国建筑史的事业。1929 年，一位有钱的退休官员朱启钤由于发现了《营造法式》这部书而在北京建立了一个学会，名叫中国营造学会（以后改称中国营造学社）。在他的推动下这部书被发现和重印，曾在学术界引起了很大的反响。为了解开书中之谜，他曾罗致了一小批老学究来研究它。但是这些人和他自己都根本不懂建筑。所以，朱启钤便花了几个月的时间来动员梁思成参加这个学社并领导其研究活动。

学社的办公室就设在天安门内西侧的一个四合院里。1931 年秋天，梁思成在这里又重新开始了他早先对这部宋代建筑手册的研究。这项工作看来前途广阔，但他对其中大多数的技术名词仍然迷惑不解。然而，过去所受实际训练和实践经验使他深信，要想把它们弄清楚，"唯一可靠的知识来源就是建筑物本身，而唯一可求的教师就是那些匠师"。他想出这样一个主意，即拜几位在宫里干了一辈子修缮工作的老木匠为师，从考察他周围的宫殿建筑构造开始研究。这里多数的宫室都建于清代（ 1644—1912 年）。1734 年（清雍正十二年）曾颁布过一部清代建筑规程手册——《工程做法则例》，其中也同样充满了生僻难懂的术语。但是老匠师们谙于口述那些传统的术语。在他们的指点下，梁思成学会了如何识别各种木料和构件，如何看懂那些复杂的构筑方法，以及如何解释则例中的种种规定。经过这种第一手的研究，他写成了自己的第一部著作——《清式营造则例》。这是一部探讨和解释这本清代手册的书（虽然在他看来，这部则例不能同 1103 年刊行的那本宋代《营造法式》相比）。

梁思成就是通过这样的途径，初步揭开了他所谓的"中国建筑的文法"的奥秘。但这时他仍旧读不懂《营造法式》和其中那些 11 世纪的建筑资料，这对他是一个挑战。然而，根据经验，他深信关键仍在于寻找并考察那个时代的建筑遗例。进行大范围的实地调查已提到日程上来了。

梁氏夫妇的欧洲蜜月之行也是某种实地考察，是为了亲眼看一看那些他们已在宾大从书本上学到过的著名建筑实物。在北京同匠师们一起钻研清代建筑的经验，也是一次类似的取得第一手资料的实地考察，无非是没有外出旅行而已。显然，要想进一步了解中国建筑的文法及其演变，只能靠搜集一批年份可考而尽可能保持原状的早期建筑遗构。

梁氏注重实地调查的看法得到了学社的认可。1931 年，他被任命为法式部主任。次年，另一位新来的成员刘敦桢被任命为文献部主任。后者年龄稍长于梁思成，曾在日本学习建筑学，是一位很有才能的学者。在此后的十年中，他们两人和衷共济，共同领导了一批较年轻的同事。当然，两人都是既从事实地调查，也进行文献研究，因为两者本来就密不可分。

尚存的清代以前的建筑到哪里去找呢？相对地说，在大城市里，它们已为数不多。许多早已毁于火灾战乱，其余则受到宗教上或政治上的敌人的故意破坏。这样，调查便须深入乡间小城镇和荒山野寺。在作这种考察之前，梁氏夫妇总要先根据地方志，在地图上选定自己的路线。这种地方性的史志总要将本地引以为荣的寺庙、佛塔、名胜古迹加以记载。然而，其年代却未必可靠，还有一些读来似颇有价值，但经长途跋涉来到实地一看，却发现早已面目全非，甚至湮灭无寻了。尽管如此，依靠这些地方志的指引，仍可以在广大地区中，直至全省范围内进行调查，而不致有重要的遗构被漏掉。当然，也有某些发现是根据人们的传说、口头指引，乃致历来民谣中所称颂的渺茫的古建筑而得到的。在 20 世纪 30 年代，中国建筑史还是一个未知的领域，在这里一些空前的发现常使人惊喜异常。

那个时代，外出调查会遇到严重的困难。旅行若以火车开始，则往往继之以颠簸拥挤的长途汽车，而以两轮硬板骡车告终。宝贵的器材——照相机、三角架、皮尺、各种随身细软，包括少不了的笔记本，都得带上。只能在古庙或路旁小店中投宿，虱子成堆、茅厕里爬满了蛆虫。村边茶馆中常有美味的小吃，但是那碗筷和生冷食品的卫生却十分可疑。在华北的某些地区还要提防土匪对无备的旅客作突然袭击。

只要林徽因能把两个年幼的孩子安排妥当，梁氏夫妇总是结伴同行，陪同他们的常是梁思成培养的一位年轻同事莫宗江，此外就是一个捎行李和跑腿的仆人。他们去的那种地方电话是很罕见的，地方衙门为了和在别处的上司联系，可能有一部；小城里也就再没有其他线路了。这样，在对于某个重大发现能够进行详尽考察之前，往往要花费许多时间去找地方官员、佛教高僧和其他人联系、交涉。

当所有这些障碍都终于被克服了之后，这支小小的队伍便可以着手工作了。他们拉开皮尺，丈量着建筑的大小构件以及周围环境。这些数字和画在笔记本上的草图对于日后绘制平面、立面和断面图是必不可少的，间或还要利用它们来制作主体模型。同时，梁思成除了拍摄全景照片之外，还要背着他的莱卡相机攀上梁架去拍摄那些重要的细部。为了测量和拍照，常要搭起临时脚手架，惊动无数蝙蝠，扬起千年尘埃。寺庙的院里或廊下常常立着石碑，上面记着建造或重修寺庙的经过和年代，多半是由林徽因煞费苦心地去抄录下来。所有这些宝贵资料都被记在笔记本上，以便带回北京整理、发表。

1932 年，梁思成的首次实地调查就获得了他的最大成果之一。这就是坐落在北京以东 60 英里（约 100 公里）处的独乐寺观音阁，阁中有一尊 55 英尺（约 16 米）高的塑像。这座建于 984 年的木构建筑及其中塑像已历时近千年而无恙。

1941 年，梁思成曾在一份没有发表的文稿中简述了 20 世纪 30 年代他们的那些艰苦的考察活动：

过去九年，我所在的中国营造学社每年两次派出由研究员率领的实地调查小组，遍访各地以搜寻古建遗构，每次二至三个月不等。其最终目标，是为了编写一部中国建筑史。这一课题，向为学者们所未及，可资利用的文献甚少，只能求诸实例。

迄今，我们已踏勘 15 省 200 余县，考察过的建筑物已逾两千。作为法式部主任，我曾对其中的大多数亲自探访。目前，虽然距我们的目标尚远，但所获资料却具有极重要的意义。

对于梁、林两人来说，这种考察活动的一个高潮，是 1937 年 6 月间佛光寺的发现。这座建于公元 857 年的美丽建筑，坐落在晋北深山之中，千余年来完好无损，经过梁氏考察，鉴定为当时中国所见最早的木构建筑，是第一座被发现的唐代原构实例。他在本书第 41 至 47 页关于这座建筑的叙述，虽然简略，却已表达出他对于这座"头等国宝"的特殊珍爱。

20 世纪 30 年代中国营造学社工作的一个值得称道的特色，是迅速而认真地将他们在古建调查中的发现，在《中国营造学社汇刊》（季刊）上发表。这些以中文写成的文章对这些建筑都作了详尽的记述，并附以大量图版、照片。《汇刊》还有英文目录，可惜当时所出七卷如今已成珍本。

　　本书是梁思成在第二次世界大战末期，在四川省李庄这个偏远的江村中写成的。1937 年夏，在北京沦陷前夕，梁氏一家和学社的部分成员撤离了北京。经过长途跋涉，来到当时尚在中国政府控制下的西南山区省份避难。此时，学社已成为中央研究院的一个研究所^[校注一]，接受了"国立中央博物馆"的补助经费，由梁思成负责。他们对四川和云南的古建筑也作了一些调查。然而，在八年抗战中，封锁和恶性通货膨胀，使他们贫病交加。刘敦桢离开了学社，去到重庆中央大学任教；年轻人也纷纷各奔前程。但梁思成和他的家人仍留在李庄，追随他们的只有他忠实的助手莫宗江和其他少数几人。林徽因患肺结核病而卧床不起。就在这种情况之下，1946 年，梁思成在妻子始终如一的帮助之下完成了他们这本唯一的英文著作，目的在于向国外介绍过去十五年来中国营造学社所获得的研究成果。

　　第二次世界大战结束后，从与世隔绝、饱经忧患的情况下解脱出来的梁思成于 1946 年受到了普林斯顿和耶鲁两所大学的热情邀请，赴美就中国建筑讲学。他的中文著作早已为西方所知，此时他已成为一位国际知名的学者。他把全家安顿在北京，于 1947 年春季作为耶鲁大学的访问教授到了美国。这是他一生中第二次，也是最后一次访问美国。

　　到此为止，我的叙述没有涉及个人关系。这是为了说明梁思成、林徽因作为学科带头人的重要作用，而避免干扰。但是，以上所写的大部分内容，都是我作为梁氏的亲密朋友而了解到的第一手材料，我们的友情对于我的叙述有密切关系。1932 年夏，我和我的丈夫（费正清）作为一对新婚的学生住在北京，经朋友介绍，我们结识了梁氏夫妇。他们的年龄稍长，但离留学美国的时代尚不远。可能正因为这样，彼此一见如故。我们既是邻居，又是朋友，全都喜好中国艺术和

［校注一］原文不准确。当时营造学社只是接受了"国立中央博物馆"的补助经费，为其收集、编制古代建筑资料。——孙增蕃校注

历史。不管由于什么原因，在我和丈夫住在北京的四年期间，我们成了至交。当我们初次相识时，梁思成刚刚完成了他的第一次实地调查。两年后，当我们在暑假中在山西（汾阳县峪道河）租了一栋古老的磨坊度假时，梁氏访问了我们并邀我们作伴，在一些尚未勘察过的地区作了一次长途实地调查。那次的经历使我终生难忘。我们共同体验了那些原始的旅行条件，也一同体验了按照地方志的记载，满怀希望地去探访某些建筑后那种兴奋或失望之情，还有那些饶有兴味的测量工作。我们回到美国之后，继续和他们书信往还。第二次世界大战中，我们作为政府官员回到中国供职，同他们的友谊也进一步加深了。当时我们和他们都住在中国西南内地，而日军则占据着北京和沿海诸省。

我们曾到李庄看望过梁思成一家，亲眼看到了战争所带给他们的那种贫困交加的生活。而就在这种境遇之中，既是护士，又是厨师，还是研究所所长的梁思成，正在撰写着一部详尽的中国建筑史，以及这部简明的《图像中国建筑史》。他和助手们为了这些著作，正在根据照片和实测记录绘制约七十大幅经他们研究过的最重要的建筑物的平面、立面及断面图。本书所复制的这些图版无疑是梁思成为了使我们能够理解中国建筑史而作出的一种十分重要的贡献。

当梁思成等迁往西南避难时，他们曾将实地调查时用莱卡相机拍摄的底片存入天津一家银行（的地下金库）以求安全。但是八年抗战结束后他才发现，这无数底片已全部毁于（1939年的）天津大水。现在，只剩下了他曾随身带走的照片。

1947年，当梁思成来到耶鲁大学时，带来了这些照片，还有那些精彩的图纸和这部书的文稿，希望能在美国予以出版。当时，他在耶鲁执教，还在普林斯顿大学讲学并接受了一个名誉学位。此外，还同一小批国际知名的建筑师一道，担任了联合国总部大厦设计工作的顾问，工作十分繁忙。他曾利用工作的空隙，和我一道修改他的文稿。1947年6月，他突然获知林徽因需要做一次大手术，立即动身回到北京。行前，他把这批图纸和照片交给了我，却带走了那仅有的一份文稿，以便"在回国的长途旅行中把它改定"，然后寄来给我。但从此却音信杳然。

妻子病情的恶化使梁思成忧心忡忡，无心顾及其他。不久，家庭的忧患又被淹没在革命和中国人的生活所发生的翻天覆地的变化之中了。1950年，新生的中华人民共和国请梁思成在国家重建、城市规划和其他建筑事务方面提供意见并参与领导。甚至重病之中的林徽因也应政府之请参与了设计工作，直到1955年（原文误为1954年）她过早地去世时为止。

也许正是她的死使得梁思成重新想到了他这搁置已久的计划。他要求我把这些图纸和照片送还给他。我按照他所给的地址将邮包寄给了一个在英国的学生以便转交给他。1957年4月，这个学生来信说邮包已经收妥。但直到1978年秋我才发现，这些资料竟然始终未曾回到梁思成之手。而他在清华大学执教多年后已于1972年去世，却没有机会出版这部附有插图和照片的研究成果。

现在的这本书是这个故事的一个可喜的结局。1980年，那个装有图片的邮包奇迹般地失而复得。一位伦敦的英国朋友为我追查到了那个学生后来的下落，得到了此人在新加坡的地址。这个邮包仍然原封未动地放在此人的书架上。经过一番交涉，邮包被送回了北京，得以同清华大学建筑系所保存的梁思成的文稿重新合璧。虽然这部《图像中国建筑史》的出版被耽搁了30多年，它仍使西方的学者、学生和广大读者有机会了解在这个领域中中国这位杰出的先驱者的那些发现以及他的见解。

费慰梅（Wilma Fairbank）

于马萨诸塞州坎布里奇

编辑方法

　　作为本书的编者，我注意到它由于其原稿的奇特经历而造成的某些自身缺陷。最基本的事实当然是：本书是由梁思成在 20 世纪 40 年代写成的，而他却在其出版前十多年便去世了。如果作者健在，很可能会将本书的某些部分重新写过或加以补充。特别引人注意的，是他在对木构建筑和塔作了较为详尽的阐述之后，却只对桥、陵墓和其他类型的建筑作了非常简略的评论。在这种情况下，我的责任在于严格忠于他的原意，尽量采用他的原文而不去擅自改动他的打字原稿。我插入的一段解释是特别标明了的（见第 7 至 9 页）[1]。

　　当梁思成决定将中国营造学社 1931 年至 1937 年间在华北地区以及 1938 年至 1946 年抗战期间在四川和云南的考察成果向西方读者作一个简明介绍的时候，曾打算采用图像历史的形式。本书的标题可能使人以为这是一部全面的建筑史，但事实上这本书仅仅简介了营造学社在华北地区和其他省份中曾经考察过的某些重要的古建筑。作者原来只准备选用学社档案中的一些照片，附以根据实测绘制的这些古建筑的平面、立面和断面图，以此来说明中国建筑结构的发展，因而只在图版中作一些英汉对照的简要注释而未另行撰文。1943 年，这些图版按计划绘制完毕，梁氏将其携至重庆，由他在美国军事情报处摄影室工作的朋友们代他翻拍成两卷缩微胶片。其中一卷他交给我保管以防万一，我后来曾将其存入哈佛—燕京学社图书馆；而当 1947 年他将原图带到美国时，又把另一个胶卷留在了国内。这种防范措施后来导致了有趣的结果。

　　与此同时，梁氏承认，"在图版绘成之后，又感到几句解说可能还是必要的"。这部文稿阐述了他对自己多年来所做的开创性的实地考察工作的分析和结论。它简明扼要，却涉及了数量惊人的实例。既是摘要，就不可能把梁氏在《中国营造学社汇刊》中探讨这些建筑的文章中关于中国

---

[1]　此英文版 "第 7 至 9 页"，对应本版次正文第 9 至 11 页。——本版次编辑者补注

建筑的许多方面的论点都包括进去，他为各个时期所标的名称反映了当时他对这各时期的评价。自那时迄今已近40年，但人们期待这书已久，看来最好还是将它作为一份历史文献而保留其原貌，不作改动。原稿最后有两页介绍皇家园林的文字，因尚未完稿而且离开建筑结构的发展这一主题较远，所以删去了。

梁氏的原稿是用简单明了的英文写成的，其中重要的建筑术语都按威妥玛系统拼音，现除个别专门名词因个人的取舍而有不同之外，均照原样保留。

书后"技术术语一览"是为了向（西方）读者解释它们的含义，并附有汉字。这种英汉对照的形式十分重要。图版中以两种文字书写图注及说明，其含义是使那些想认真研究中国建筑的西方学生明白，他们必须熟悉那些术语、重要建筑及其所在地的中文名称。梁思成在宾大时曾学过那些西方建筑史上类似的英、法对照名词，在这个基础上，他又增加了自己经过艰苦钻研而获得的关于中国建筑史的知识。同样，西方未来几代的学生们要想经常方便地到中国旅行，就需懂得那里的语言和以往被人忽视的建筑艺术。

本书所用的大部分照片反映了那些建筑物在20世纪30年代的面貌。几座现已不存的建筑都在说明中注明"已毁"，但那究竟是由于自然朽坏，还是意外事故乃至有意破坏，则不得而知。在图版中手书的图注里有若干小错误，个别英文、罗马拼音或年代不确，都有意识地不予更改。遗憾的是，1947年梁思成由于个人原因，未及在全书之后略作提要。但他那些首次发表于此的"演变图"（图20、图21、图32、图37、图38、图63）已清楚地概括了他在书中所述及的那些关键性的演变。书中其他各图30年来曾在东、西方多次发表，却从未说明其作者是梁思成或营造学社。它们的来源就是梁氏1943年翻拍的第二卷缩微胶片。1952年，在一份供清华学生使用的标明"内部参考"的小册子中，曾将这些图版翻印出来。而这个小册子后来却流传到了欧洲和英国。由于小册子有图无文，所以，也许不能指责有些人为剽窃。无论如何，本书的出版应当使上述做法就此打住。

费慰梅（Wilma Fairbank）

译叙

先父梁思成 40 多年前所著的这部书，经过父母生前挚友费慰梅女士多年的努力，历尽周折，1984 年终于在美国出版了。出版后，受到各方面的重视和好评。对于想了解中国古代建筑的西方读者来说，由中国专家直接用英文写成的这样一部书，当是一种难得的入门读物。然而，要想深入研究，只通过英文显然是不够的，在此意义上，本书的一个英汉对照本或有其特殊价值。

正如作者和编者所曾反复说明的，本书远非一部完备的中国建筑史。今天看来，书中各章不仅详略不够平衡，而且如少数民族建筑、民居建筑、园林建筑等等都未能述及。但若考虑到它是在怎样一种历史条件下写成的，也就难以苛求于前人了。

作为针对西方一般读者的普及性读物，原书使用的是一种隔行易懂的非专业性语言。善于深入浅出地解释复杂的古代中国建筑技术，是先父在学术工作中的一个特色。为了保持这一特色，译文中也有意避免过多地使用专门术语，而尽量按原文直译，再附上术语，或将后者在方括号内注出〔圆括号则是英文本中原有的〕。为了方便中文读者，还在方括号内作了少量其他注释。英文原书有极个别地方与作者原手稿略有出入，还有些资料，近年来已有新的研究发现，这些在译校中都已作了订正或说明，并以方括号标出。在后面的英文原作上，用边码标出了各段文字在正文中相应的页码，以便使两个文本能够互相呼应。

先父的学术著作，一向写得潇洒活泼，妙趣横生，有其独特的文风。可惜这篇译文远未能体现出这种特色。父母当年曾望子成"匠"，因为仰慕宋《营造法式》修撰者、将作监李诫的业绩，命我"从诫"。不料我竟然没有考取建筑系，使他们非常失望。今天，我能有机会作为隔行勉力将本书译出，为普及中国建筑史的知识尽一份微薄的力量，父母地下有知，或许会多少感到一点安慰。

先父在母亲和莫宗江先生的协助下撰写本书的时候，正值抗日战争后期，我们全家困居于四川偏远江村，过着宿不蔽风雨、食只见菜粝的生活。他们虽尝尽贫病交加，故人寥落之苦，却仍然孜孜不倦于学术研究，陋室青灯，发奋著述。那种情景，是我童年回忆中最难忘的一页。40年后，我译此书，也可算是对于他们当时那种艰难的生活和坚毅的精神的一种纪念吧！遗憾的是，我虽忝为"班门"之后，却愧无"弄斧"之功，译文中错误失当之处一定很多，尚请父辈学者、本行专家不吝指正。

继母林洙，十年浩劫中忠实地陪伴父亲度过了他生活中最后的，也是最悲惨的一段历程。这些年来，又为整理出版他的遗著备尝辛劳。这次正是她鼓励我翻译本书，并为我核阅译文，还和清华大学建筑系资料室的同志一道为这个汉英双语版重新提供了全套原始图片供制版之用，我对她的感激是很深的。同时我也要对建筑系资料室的有关同志表示感谢。

费慰梅女士一向对本书的汉译和在中国出版一事十分关心，几年来多次来信询问我的工作进展情况。1986年初冬，我于美国与费氏二老在他们的坎布里奇家中再次相聚。40年前，先父就是在这栋邻近哈佛大学校园的古老小楼中把本书原稿和图纸、照片托付给费夫人的。他们和我一道，又一次深情地回忆了这段往事。半个多世纪以来，他们对先父母始终不渝的友谊和对中国文化事业的积极关注，不能不使我感动。

本书译出后，曾由出版社聘请孙增蕃先生仔细校阅，在校阅过程中，又得到陈明达先生的具体指导和帮助，解决了一些专业术语的译法问题，使译文质量得以大大提高。在此谨向他们二位表示我的衷心感谢。

这里我还须说明，尽管这本书基本上是根据作者原稿译出的，图版也都经重新制作，但我们还是参照了美国马萨诸塞州理工学院出版社的版式和部分附录。为此，我谨向这家美国出版社致意。

最后，我还要向打字员张继莲女士致谢。这份译稿几经修改，最后得以誊清完成，与她耐心、细致的劳动也是不可分的。

梁从诫　谨识

1987 年 2 月于北京
1991 年 5 月补正

图像中国建筑史

关于中国建筑结构体系的发展及其形制演变的研究

前言

这本书全然不是一部完备的中国建筑史，而仅仅是试图借助于若干典型实例的照片和图解来说明中国建筑结构体系的发展及其形制的演变。最初我曾打算完全不用释文，但在图纸绘成之后，又感到几句解说可能还是必要的，因此，才补写了这篇简要的文字。

中国的建筑是一种高度"有机"的结构。它完全是中国土生土长的东西：孕育并发祥于遥远的史前时期；"发育"于汉代（约在公元开始的时候）；成熟并逞其豪劲于唐代（7—8 世纪）；臻于完美醇和于宋代（11—12 世纪）；然后于明代初叶（15 世纪）开始显出衰老羁直之象。虽然很难说它的生命力还能保持多久，但至少在本书所述及的 30 个世纪之中，这种结构始终保持着自己的机能，而这正是从这种条理清楚的木构架的巧妙构造中产生出来的；其中每个部件的规格、形状和位置都取决于结构上的需要。所以，研究中国的建筑物首先就应剖析它的构造。正因为如此，其断面图就比其立面图更为重要。这是和研究欧洲建筑大相异趣的一个方面；也许哥特式建筑另当别论，因为它的构造对其外形的制约作用比任何别种式样的欧洲建筑都要大。

如今，随着钢筋混凝土和钢架结构的出现，中国建筑正面临着一个严峻的局面。诚然，在中国古代建筑和最现代化的建筑之间有着某种基本的相似之处，但是，这两者能够结合起来吗？中国传统的建筑结构体系能够使用这些新材料并找到一种新的表现形式吗？可能性是有的。但这决不应是盲目地"仿古"，而必须有所创新。否则，中国式的建筑今后将不复存在。

对中国建筑进行全面研究，就必须涉及日本建筑。因为按正确的分类来说，某些早期的日本建筑应被认为是自中国传入的。但是，关于这个问题，在这本简要的著作中只能约略地提到。

请读者不要因为本书所举的各种实例中绝大多数是佛教的庙宇、塔和墓而感到意外。须知，不论何时何地，宗教都曾是建筑创作的一个最强大的推动力量。

本书所用资料，几乎全部选自中国营造学社的学术档案，其中一些曾发表于《中国营造学社汇刊》。这个研究机构自 1929 年创建以来，在社长朱启钤先生和战争年代（1937—1946 年）中的代理社长周贻春博士的富于启发性的指导之下，始终致力于在全国系统地寻找古建筑实例，并从考古与地理学两个方面对它们加以研究。到目前为止，已对 15 个省内的 200 余县进行了调查，若不是战争的干扰使实地调查几乎完全停顿，我们肯定还会搜集到更多的实例。而且，当我此刻在四川省西部这个偏僻的小村中撰写本书时，由于许多资料不在手头，也使工作颇受阻碍。当营造学社迁往内地时，这些资料被留在北平。同时，书中所提及的若干实例，肯定已毁于战火。它们遭到破坏的程度，只有待对这些建筑物逐一重新调查时才能知道。

营造学社的资料，是在多次实地调查中收集而得的。这些实地调查，都是由原营造学社文献部主任、现中央大学工学院院长、建筑系主任刘敦桢教授或我本人主持的。蒙他惠允我在书中引用他的某些资料，谨在此表示深切的谢意。我也要对我的同事、营造学社副研究员莫宗江先生致谢。我的各次实地考察几乎都有他同行；他还为本书绘制了大部分图版。[1]

我也要感谢中央研究院历史语言研究所考古部主任李济博士和该所副研究员石璋如先生，承他们允许我复制了安阳出土的殷墟平面图；同时对于作为中央博物院院长的李济博士，我还要感谢他允许我使用中国营造学社也曾参加的江口汉墓发掘中的某些材料。

我还要感谢我的朋友和同事费慰梅女士〔费正清夫人〕。她是中国营造学社的成员，曾在中国作过广泛旅行，并参加过我的一次实地调查活动。我不仅要感谢她所做的武梁祠和朱鲔墓石室的复原工作，而且要感谢她对我的大力支持和鼓励，因而使得本书的编写工作能够大大加快。我也要感谢她在任驻重庆美国大使馆文化参赞期间，百忙中抽时间耐心审读我的原稿，改正我英文上的错误。她在上述职务中为加强中美两国之间的文化交流作出了极有价值的贡献。

最后，我要感谢我的妻子、同事和旧日的同窗林徽因。20 多年来，她在我们共同的事业中不懈地贡献着力量。从在大学建筑系求学的时代起，我们就互相为对方"干苦力活"，以后，在

---

[1]　作者按当时的规范行文，以致涉及资料来源等文献著录问题按当今的标准衡量，略嫌粗略；1980 年代编辑出版之际，又有一些资料补充工作也超出了写作年代的限制。为此，本版次将在本书"整理者说明"中试作补充说明。——本版次编辑者补注

大部分的实地调查中,她又与我作伴,有过许多重要的发现,并对众多的建筑物进行过实测和草绘。近年来,她虽罹重病,却仍葆其天赋的机敏与坚毅;在战争时期的艰难日子里,营造学社的学术精神和士气得以维持,主要应归功于她。没有她的合作与启迪,无论是本书的撰写,还是我对中国建筑的任何一项研究工作,都是不可能成功的。[1]

梁思成

识于四川省李庄
中国营造学社战时社址
1946 年 4 月

---

[1] 1946 年梁思成对之表示感谢的人们,多数都已故去。目前,除我本人之外,只有北京清华大学的莫宗江和台北中央研究院石璋如尚在。——费慰梅注

中国建筑的结构体系

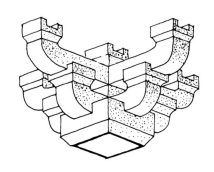

起源

中国的建筑与中国的文明同样古老。所有的资料来源——文字、图像、实例——都有力地证明了中国人一直采用着一种土生土长的构造体系，从史前时期直到当代，始终保持着自己的基本特征。在中国文化影响所及的广大地区里——从新疆到日本，从东北三省到印支半岛北方，都流行着这同一种构造体系。尽管中国曾不断地遭受外来的军事、文化和精神侵犯，这种体系竟能在如此广袤的地域和长达四千余年的时间中常存不败，且至今还在应用而不易其基本特征，这一现象，只有中华文明的延续性可以与之相提并论，因为，中国建筑本来就是这一文明的一个不可分离的组成部分。

在河南省安阳市市郊，在经中央研究院发掘的殷代帝王们（约公元前 1766—约公元前 1122 年）的宫殿和墓葬遗址中，发现了迄今所知最古老的中国房屋遗迹（图 10）。这是一些很大的夯土台基，台上以有规则的间距放置着一些未经加工的砾石，较平的一面向上，上面覆以青铜圆盘（后世称之为櫍）。在这些铜盘上，发现了已经炭化的木材，是一些木柱的下端，它们曾支承过上面的上层建筑。这些建筑是在周人征服殷王朝（约公元前 1122 年）并掠夺这座帝都时被焚毁的。这些柱础的布置方式证明当时就已存在着一种定型，一个伟大的民族及其文明从此注定要在其庇护之下生存，直到今天。

这种结构体系的特征包括：一个高起的台基，作为以木构梁柱为骨架的建筑物的基座，再支承一个外檐伸出的坡形屋顶（图 1、图 2）[1]。这种骨架式的构造使人们可以完全不受约束地筑墙和开窗。从热带的印支半岛到亚寒带的东北三省，人们只需简单地调整一下墙壁和门窗间的比例就可以在各种不同的气候下使其房屋都舒适合用。正是由于这种高度的灵活性和适应性，使这种构造方法能够适用于任何华夏文明所及之处，使其居住者能有效地躲避风雨，而不论那里的气候有多少差异。在西方建筑中，除了英国伊丽莎白女王时代的露明木骨架建筑这一有限的例外，直到 20 世纪发明钢筋混凝土和钢框架结构之前，可能还没有与此相似的做法。

---

[1] 原书稿中的插图（测图、照片等）之著录过于简略，资料来源也有少量讹误，详见本书"整理者说明"。——本版次编辑者补注

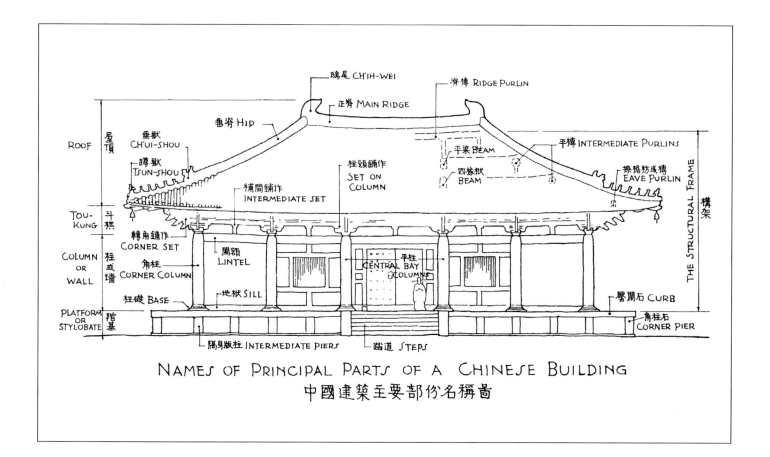

NAMES OF PRINCIPAL PARTS OF A CHINESE BUILDING

中國建築主要部份名稱圖

图1

中国木构建筑主要部分名称图

Principal parts of a Chinese timber-frame building

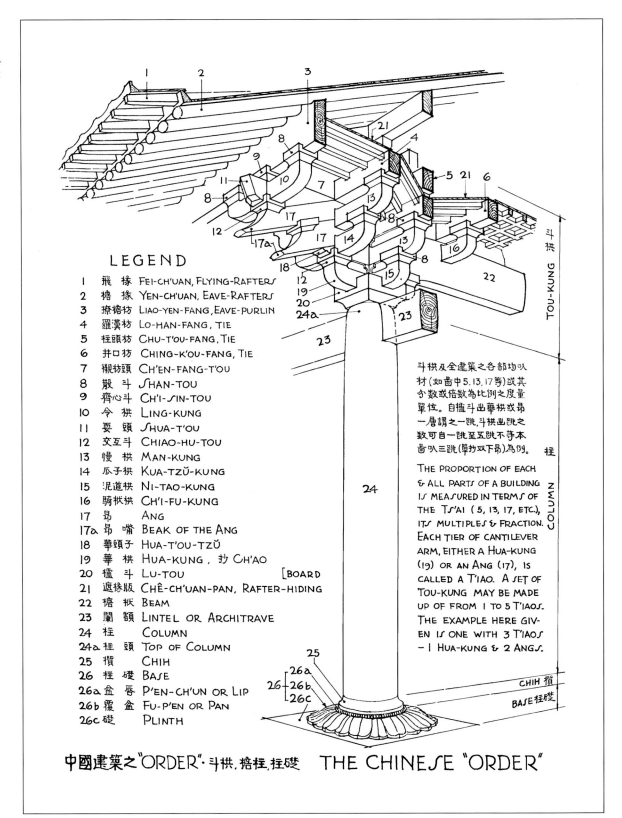

图2
中国建筑之"柱式"（斗拱、檐柱、柱础）（本图是梁氏所绘图版中最常被人复制的一张）
The Chinese "order" (the most frequently reprinted of Liang's drawings)

LEGEND

1　飛椽　FEI-CH'UAN, FLYING-RAFTERS
2　檐椽　YEN-CH'UAN, EAVE-RAFTERS
3　撩檐枋　LIAO-YEN-FANG, EAVE-PURLIN
4　羅漢枋　LO-HAN-FANG, TIE
5　柱頭枋　CHU-T'OU-FANG, TIE
6　井口枋　CHING-K'OU-FANG, TIE
7　襯枋頭　CH'EN-FANG-T'OU
8　散斗　SHAN-TOU
9　齊心斗　CH'I-SIN-TOU
10　令拱　LING-KUNG
11　耍頭　SHUA-T'OU
12　交互斗　CHIAO-HU-TOU
13　慢拱　MAN-KUNG
14　瓜子拱　KUA-TZŬ-KUNG
15　泥道拱　NI-TAO-KUNG
16　騎栿拱　CH'I-FU-KUNG
17　昂　ANG
17a　昂嘴　BEAK OF THE ANG
18　華頭子　HUA-T'OU-TZŬ
19　華拱　HUA-KUNG，抄 CH'AO
20　櫨斗　LU-TOU
21　遮椽版　CHÊ-CH'UAN-PAN, RAFTER-HIDING [BOARD
22　檐栿　BEAM
23　闌額　LINTEL OR ARCHITRAVE
24　柱　COLUMN
24a　柱頭　TOP OF COLUMN
25　櫍　CHIH
26　柱礎　BASE
26a　盆唇　P'EN-CH'UN OR LIP
26b　覆盆　FU-P'EN OR PAN
26c　礎　PLINTH

斗拱及全建築之各部均以材（如圖中5.13.17等）或其分數或倍數為比例之度量單位。自櫨斗出華拱或昂一層謂之一跳，斗拱出跳之數可自一跳至五跳不等本圖以三跳（單拱雙下昂）為例。

THE PROPORTION OF EACH & ALL PARTS OF A BUILDING IS MEASURED IN TERMS OF THE TS'AI (5, 13, 17, ETC.), ITS MULTIPLES & FRACTION. EACH TIER OF CANTILEVER ARM, EITHER A HUA-KUNG (19) OR AN ANG (17), IS CALLED A T'IAO. A SET OF TOU-KUNG MAY BE MADE UP OF FROM 1 TO 5 T'IAOS. THE EXAMPLE HERE GIVEN IS ONE WITH 3 T'IAOS — 1 HUA-KUNG & 2 ANGS.

斗拱　TOU-KUNG
柱　COLUMN
CHIH 櫍
BASE 柱礎

中國建築之"ORDER"·斗拱，檐柱，柱礎　THE CHINESE "ORDER"

英文版编者注释：曲面屋顶和斗栱

　　图1和图2表示了中国传统建筑的基本特征，其表现方式对于熟悉中国建筑的人来说是明白易懂的。然而，并不是每一位读者都有看到中国建筑实物或研究中国木框架建筑的机会，为此，我在这里再作一点简要的说明。

　　中国殿堂建筑最引人注目的外形，就是那外檐伸出的曲面屋顶。屋顶由立在高起的阶基上的木构架支承。图3显示了五种屋顶构造类型的九种变形。关于这些形制，梁思成在本书第10页上都已列出。为了了解这些屋檐上翘的曲面屋顶是怎样构成的，以及它们为什么要造成这样，我们就必须研究这种木构架本身。按照梁思成的说法，"研究中国的建筑物首先就应剖析它的构造。正因为如此，其断面图就比其立面图更为重要"。

　　从断面图上我们可以看到，在中国木构架建筑的构造中，对屋顶的支承方式根本不同于通常的西方三角形屋顶桁架，而正是由于后者，西方建筑的直线形的坡屋顶才会有那样僵硬的外表。与此相反，中国的框架则有明显的灵活性（图4）。木构架由柱和梁组成。梁有几层，其长度由下而上逐层递减。平槫〔檩条〕，即支承椽的水平构件，被置于层层收缩的构架的肩部。椽都比较短，其长度只有槫与槫之间距。工匠可通过对构架高度与跨度的调整，按其所需而造出各种大小及不同弧度的屋顶。屋顶的下凹曲面可使半筒形屋瓦严密接合，从而防止雨水渗漏。

　　屋檐向外出挑的深度也是值得注意的。例如，由梁氏所发现的唐代佛光寺大殿（857年），其屋檐竟从下面的檐柱向外挑出约14英尺〔4米〕（图24）。能够保护这座木构建筑历经一千一百多年的风雨而不毁，这种屋檐所起的重要作用是显而易见的。例如，它可以使沿曲面屋顶瓦槽顺流而下的雨水泻向远处。

　　然而，屋檐上翘的直接功能还在于使房屋虽然出檐很远，但室内仍能有充足的光线。这就需要使支承出挑屋檐的结构一方面必须从内部构架向外大大延伸，另一方面又必须向上抬高以造成屋檐的翘度。这些是怎样做到的呢？

　　正如梁氏指出的："是斗栱（托架装置）起了主导作用。其作用是如此重要，以致如果不彻底了解它，就根本无法研究中国建筑。它构成了中国建筑'柱式'中的决定性特征。"图5是一组斗栱的等角投影图，图6则是一组置于柱头上的斗栱。这里我们又遇到了一个陌生的东西。在西方建筑中，我们习惯于那种简单的柱头，这种柱头直接承重并将荷载传递到柱上，而斗栱却是一个十分复杂的部件。虽然其底部只是柱头上的一块大方木，但从其中却向四面伸出十字形的横木〔栱〕。后者上面又置有较小的方木〔斗〕，从中再次向四面伸出更长的横木以均衡地承托更在上的部件。这种前伸的横木〔华栱〕以大方木块为支点一层层向上和向外延伸，即称为"出跳"，以支承向外挑出的屋檐的重量。它们在外部所受的压力由这一托架〔斗栱〕内部所承受的重量来平衡。在这套托架中有与华栱交叉而与墙面平行的横向栱。从内面上部结构向下斜伸的悬臂长木称为昂，它以栌斗为支点，穿过斗栱向外伸出，以支承最外面的檐檩枋（图6），这种外面的荷载是以里面上部的槫或梁对昂尾的下压力来平衡的。向外突出的尖形昂嘴使它们很容易在斗栱中被识别出来。梁思成在本书中对于这种构造在其演变过程中的各种复杂情况都作了较详尽的解释。

——〔英文版〕编者

图3

屋顶的五种类型

1. 悬山；2. 硬山；3. 庑殿；4 及 6. 歇山；5. 攒尖；7 ～ 9. 分别为 5 和 4（原文误为 6）及 3 的重檐式。

Five types of roof

1.overhanging gable roof, 2.flush gable roof, 3.hip roof, 4 and 6.gable-and-hip roofs, 5.pyramidal roof, 7 ～ 9.double-eaved versions of 5,6,and 3 respectively.

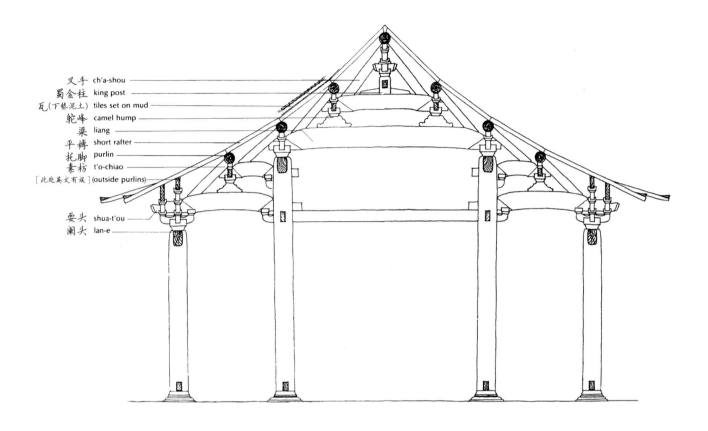

叉手 ch'a-shou
蜀金柱 king post
瓦(下垫泥土) tiles set on mud
驼峰 camel hump
梁 liang
平槫 short rafter
托脚 purlin
素枋 t'o-chiao
[此处英文有误] (outside purlins)
要头 shua-t'ou
阑头 lan-e

图 4
断面图，表现出灵活的梁柱框架支承者曲面屋顶(图面批语 [此处英文有误] 似是孙增蕃所加。——本版次编辑者补注)
Section, showing flexible beam skeleton supporting curved roof

图 5
基本的托架装置（斗栱）
The basic bracket set

图 6
断面图，表现出斗栱和昂
Section, showing bracket set and ang

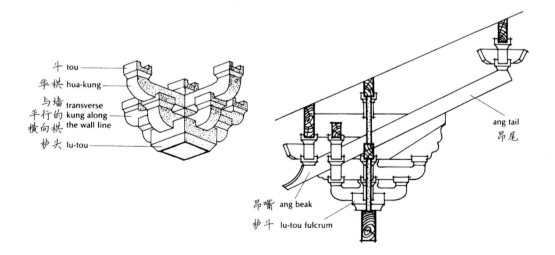

斗 tou
华栱 hua-kung
与墙平行的横向栱 transverse kung along the wall line
栌头 lu-tou

ang tail
昂尾

昂嘴 ang beak
栌斗 lu-tou fulcrum

两部文法书

随着这种体系的逐渐成熟，出现了为设计和施工中必须遵循的一整套完备的规程。研究中国建筑史而不懂得这套规程，就如同研究英国文学而不懂得英文文法一样。因此，有必要对这些规程作一简略的探讨。

幸运的是，中国历史上两个曾经进行过重大建筑活动的时代曾有两部重要的书籍传世：宋代（960—1280 年）的《营造法式》和清代（1644—1912 年）的《工程做法则例》，我们可以把它们称为中国建筑的两部"文法书"。它们都是官府颁发的工程规范，因而对于研究中国建筑的技术来说，是极为重要的。今天，我们之所以能够理解各种建筑术语，并在对不同时代的建筑进行比较研究时有所依据，都因为有了这两部书。

《营造法式》

《营造法式》是宋徽宗（1100—1125 年）在位时朝廷中主管营造事务的将作监李诫编撰的。全书共三十四卷，其中十三卷是关于基础、城寨、石作及雕饰，以及大木作（即木构架、柱、梁、枋、额、斗栱、槫、椽等），小木作（即门、窗、槅扇、屏风、平棊、佛龛等），砖瓦作（即砖瓦及瓦饰的官式等级及其用法）和彩画作（即彩画的官式等级和图样）的；其余各卷是各类术语的释义及估算各种工、料的数据。全书最后四卷是各类木作、石作和彩画的图样。

本书出版于 1103 年〔崇宁二年〕。但在以后的八个半世纪中，由于建筑在术语和形式方面都发生了变化，更由于在那个时代的环境中，文人学者轻视技术和体力劳动，竟使这部著作长期湮没无闻，而仅仅被一些收藏家当作稀世奇书束诸高阁。对于今天的外行人来说，它们极其难懂，其中的许多章节和术语几乎是不可理解的。然而，经过中国营造学社同人们的悉心努力，首先通过对清代建筑规范的掌握，以后又研究了已发现的相当数量的建于 10—12 世纪木构建筑实例，书中的许多奥秘终于被揭开，从而使它现在成为一部可以读得懂的书了。

由于中国建筑的主要材料是木材，对于理解中国建筑结构体系来说，书中的"大木作"部分最为重要。其基本规范我们已在图 2 至图 7 中作了图解，并可归纳如下。

一、量材单位——材和栔

材这一术语，有两种含义：

（甲）某种标准大小的，用以制作斗栱中的栱的木料，以及所有高度和宽度都与栱相同的木料。材分为八种规格。视所建房屋的类型和官式等级而定。

（乙）一种度量单位，其释义如下：

材按其高度均分为十五，各为一分。材的宽度为十分。房屋的高度和进深，所使用的全部构件的尺寸，屋顶举折的高度及其曲线，总之，房屋的一切尺寸，都按其所用材的等级中相应的分为度。

当一材在使用中被置于另一材之上时，通常要在两材之间以斗垫托其空隙，其空隙距离为六分，称为栔。材的高度相当于一材加一栔的，称为足材。在宋代，一栋房屋的规格及其各部之间的比例关系，都以其所用等级木料的材、栔、分来表示[校注二]。

二、斗栱

一组斗栱〔宋代称为——"朵"，清代称为——"攒"〕是由若干个斗（方木）和栱（横材）组合而成的。其功能是将上面的水平构件的重量传递到下面的垂直构件上去。斗栱可置于柱头上，也可置于两柱之间的阑额上或角柱上。根据其位置它们分别被称为"柱头铺作""补间铺作"或

[校注二]　根据后来的研究，《营造法式》在结构上所用的基本度量单位实际上是"分"，既"材"高的十五分之一。——孙增蕃校注

图 7
宋营造法式大木作制度图样
要略
Sung dynasty rules for
structural carpentry

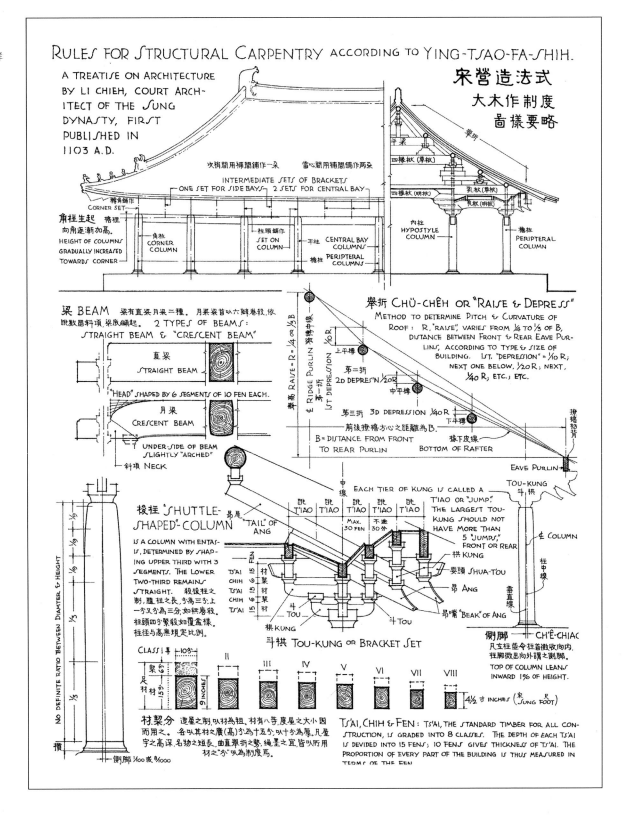

"转角铺作"〔"铺作"即斗栱的总称〕。组成斗栱的构件又分为斗、栱和昂三大类：根据位置和功能的差异，共有四种斗和五种栱。然而从结构方面说，最重要的还是栌斗（即主要的斗）和华栱。后者是从栌斗向前后挑出的，与建筑物正面成直角的栱。有时华栱之上还有一个斜向构件，与地平约成 30 度交角，称为昂。它的上端，称为昂尾，常由梁或槫的重量将其下压，从而成为支承挑出的屋檐的一根杠杆。

华栱也可以上下重叠使用，层层向外或向内挑出，称为出跳。一组斗栱可含一至五跳。横向的栱与华栱在栌斗上相交叉。每一跳有一至二层横向栱的，称为"计心"；没有横向栱的出跳称为"偷心"。只有一层横向栱的，称为单栱；有两层横向栱的，称为重栱。依出跳的数目、计心或偷心的安排、华栱和昂的悬挑以及单栱和重栱的使用等不同情况，可形成斗栱的多种组合方式。

三、梁

梁的尺寸和形状因其功能和位置的不同而异。天花下面的梁栿称为明栿，即"外露的梁"；它们或为直梁，或为稍呈弓形的月梁，即"新月形的梁"。天花以上不加刨整的梁称为草栿，用以承受屋顶的重量。梁的周径依其长度而各不相同，但作为一种标准，其断面的高度与宽度总保持着三与二之比。

四、柱

柱的长度与直径没有什么严格的规定。其直径可自一材一栔至三材不等。柱身通直或呈梭形，后者自柱的上部三分之一处开始依曲线收缩〔"卷杀"〕。用柱之制中最重要的规定是：(1) 柱高自当心间往两角逐渐增加〔"生起"〕；(2) 各柱都以约 1:100 的比率略向内倾〔"侧脚"〕。这些手法有助于使人产生一种稳定感。

五、曲面的屋顶（举折）

屋顶横断面的曲线是由举（即脊槫〔檩〕的升高）和折（即椽线的下降）所造成的。其坡度决定于屋脊的升高程度，可以从一般小房子的 1:2 到大殿堂的 2:3 不等。升高的高度称为举高。屋顶的曲线是这样形成的：从脊槫到橑檐枋背之间画一直线，脊槫以下第一根槫的位置应按举高的十分之一低于此线；从这槫到橑檐枋背再画一直线，第二槫的位置应按举高的二十分之一低于此线；依此类推，每槫降低的高度递减一半。将这些点用直线连接起来，就形成了屋顶的曲线。这一方法称为折屋，意思是"将屋顶折弯"。

除以上这些基本规范外，《营造法式》中还分别详尽地叙述了宋代关于阑额、枋、角梁、槫、椽和其他部件的用法和做法。仔细研究本书以后各章中关于不同时代大木作演化情况，可以使我们对中国建筑结构体系的发展历史有一个清楚的了解。

《营造法式》中小木作各章，是有关门、窗、槅扇、屏风以及其他非结构部件的设计规范。其传统做法后世大体继承了下来而无重大改变。平槫都呈正方或长方形，藻井常饰以小斗栱。佛龛和道帐也常富于建筑特征，并以斗栱作为装饰。

在有关瓦及瓦饰的一章里，详述了依建筑的规定的大小等级，屋顶上用以装饰屋脊的鸱、尾、蹲兽应取的规格和数目。虽然至今在中国南方仍然通行用板瓦叠成屋脊的做法，但在殿堂建筑中则久已不用了。

在关于彩画的各章里，列出了不同等级的房屋所应使用的各种类别的彩画；说明了其用色规则，主要是冷暖色对比的原则。从中可以了解，色彩的明暗是以不同深浅的同一色并列叠晕而不是以单色的加深来表现的。主要的用色是蓝、红和绿，缀以墨、白；有时也用黄色。用色的这种传统自唐代（618—907 年）一直延续至今。

《营造法式》还以不少篇幅详述了各种部件和构件的制作细节。如斗、栱和昂的斫造和卷杀；怎样使梁成为弓形并使其两侧微凸；怎样为柱基和勾栏雕刻饰纹；以及不同类型和等级的彩画的用色调配；等等。按现代的含义，《营造法式》在许多方面确是一部教科书。

《工程做法则例》

《工程做法则例》是 1734 年〔清雍正十二年，原图注误为 1733 年〕由工部刊行的。前二十七卷是二十七种不同建筑（如大殿、城楼、住宅、仓库、凉亭等等）的筑造规则。每种建筑物的每个构件都有规定的尺寸。这一点与《营造法式》不同，后者只有供设计和计算时用的一般规则和比例。次十三卷是各式斗栱的尺寸和安装法，还有七卷阐述了门、窗、槅扇、屏风，以及砖作、石作和土作的做法。最后二十四卷是用料和用工的估算。

这部书只有二十七种建筑的断面图共二十七幅。书中没有关于具有时代特征的建筑细节的说明，如栱和昂的成型方法、彩画的绘制等等。幸而大量的清代建筑实物仍在，我们可以方便地对之加以研究，从而弥补了本书之不足。

从《工程做法则例》的前四十七卷中，可以归结出若干原则来，而其中与大木作或结构设计有关的，主要是以下几项。图 8 对这几项作了图解。

一、材的高度减少

如上所述，依宋制，材高 15 分（宽 10 分），栔为 6 分，故足材的高度为 21 分。而清代，关于材、栔、分的概念在匠师们头脑中似已不存，而作为承受栱的部位——斗口，即斗上的卯口，却成了一个度量标准。它与栱同宽，因此即相当于材宽（宋制为 10 分）。斗栱各部分的尺寸及比例都以斗口的倍数或分数为度。上、下两栱之间仍为 6 分（清代称为 0.6 斗口），栱的高度由 15 分减为 14 分（称为 1.4 斗口）。此时，足材仅高 20 分，即 2 斗口。

宋、清两代的斗栱还有一个重要区别。沿着与建筑物正面平行的柱心线上放置的斗，称为栌斗，栌斗中交叉地放着伸出的栱，其上则支承着几层材。在宋代，这几层材之间用斗托垫，其间的空隙，或露明，或用灰泥填实。在清代，这几层材却直接叠放在一起，每层厚度相当于 2 斗口。这样，材与材之间放置斗的空隙，即栔，便被取消了。这些看来似乎是微不足道的变化使斗栱的外形大为改观，人们可一望而知。

二、柱径与柱高之间的规定比例

清代则例规定，柱径为 6 斗口（即宋制 4 材），高 60 斗口，即径的十倍。据《营造法式》，宋代的柱径从不超过 3 材，其高度则由设计者任定。这样，从比例上看：清代的柱比宋代加大很多，而斗栱却缩小很多，以致竟纤小得成为无关紧要的东西。其结果，两柱之间的斗栱〔宋称"补间铺作"，清称"平身科"〕数比过去大大增加，有时竟达七八攒之多；而在宋代，依《营造法式》的规定和所见实例，其数目从不超过两朵。

三、建筑的面阔及进深取决于斗栱的数目

由于两柱间斗栱攒数增加，两攒斗栱之间的距离便严格地规定为 11 斗口中到中。其结果，柱与柱的间距，进而至于全屋的面阔和进深，都必须相当于 11 斗口的若干倍数。

四、建筑物立面所有柱高都相等〔"角柱不生起"〕

宋代那种柱高由中央向屋角逐步增加的做法〔"生起"〕已不再继续。柱身虽稍呈锥形，但已成直线，而无卷杀。这样，清代建筑比之宋代，从整体上显得更僵直一些，但各柱仍遵循略向内倾〔"侧脚"〕的规定。

五、梁的宽度增加

在宋代，梁的高度与宽度之比大体上是 3:2。而依清制，这一比例已改为 5:4 或 6:5，显然是对材料力学的无知所致；更有甚者，还规定梁宽一律为"以柱径加二寸定厚"。看来这是最武断、最不合理的规定。清代所有的梁都是直的，在其官式建筑中已不再使用月梁。

图8

清工程做法则例大式大
木作图样要略

Ch'ing dynasty rules for
structural carpentry

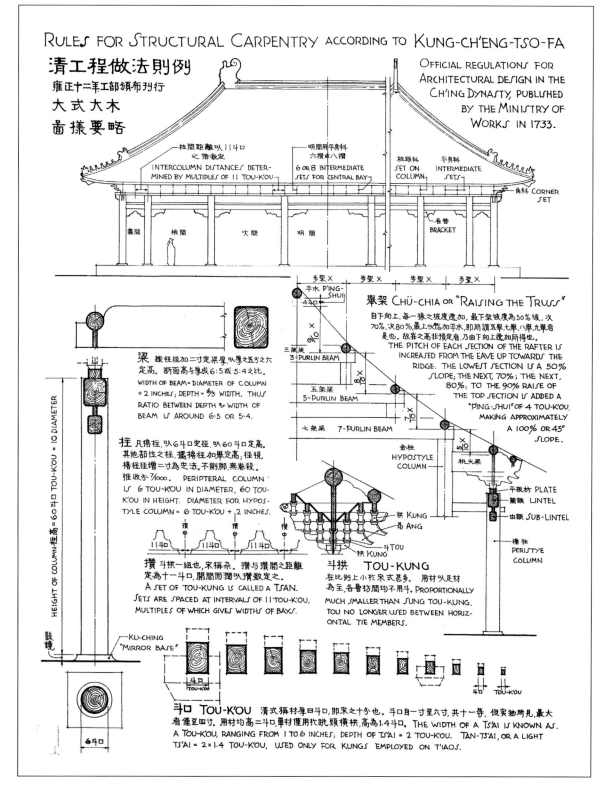

RULES FOR STRUCTURAL CARPENTRY ACCORDING TO KUNG-CH'ENG-TSO-FA

清工程做法则例

雍正十二年工部颁布刊行

大式大木

畧樣要畧

OFFICIAL REGULATIONS FOR
ARCHITECTURAL DESIGN IN THE
CH'ING DYNASTY, PUBLISHED
BY THE MINISTRY OF
WORKS IN 1733.

柱間距離以二斗口
之倍數定
INTERCOLUMN DISTANCES DETER-
MINED BY MULTIPLES OF 11 TOU-K'OU

明間用平身科
六攢或八攢
6 OR 8 INTERMEDIATE
SETS FOR CENTRAL BAY

柱頭科
SET ON
COLUMN

平身科
INTERMEDIATE
SETS

角科 CORNER
SET

盡間　梢間　　次間　　明間　　雀替 BRACKET

步架 X　　步架 X　　步架 X　　步架 X

平水 P'ING-SHUI
—4斗口

舉架 CHÜ-CHIA OR "RAISING THE TRUSS"

自下向上，每一椽之坡度遞加，最下架坡度為50%坡，次
70%，次80%，最上90%加平水，即所謂五舉,七舉,八舉,九舉者
是也。故脊之高非預定者，乃由向上遞加所得也。
THE PITCH OF EACH SECTION OF THE RAFTER IS
INCREASED FROM THE EAVE UP TOWARDS THE
RIDGE. THE LOWEST SECTION IS A 50%
SLOPE; THE NEXT, 70%; THE NEXT,
80%; TO THE 90% RAISE OF
THE TOP SECTION IS ADDED A
"PING-SHUI" OF 4 TOU-K'OU,
MAKING APPROXIMATELY
A 100% OR 45°
SLOPE.

三架梁
3-PURLIN BEAM

五架梁
5-PURLIN BEAM

七架梁　7-PURLIN BEAM

金柱
HYPOSTYLE
COLUMN

桃尖梁

平板枋 PLATE
闌額 LINTEL
由額 SUB-LINTEL

梁　按柱徑加二寸定梁厚，以厚之六分之六
定高。斷面高與寬成6:5或5:4之比。
WIDTH OF BEAM = DIAMETER OF COLUMN
+ 2 INCHES; DEPTH = 6/5 WIDTH. THUS
RATIO BETWEEN DEPTH & WIDTH OF
BEAM IS AROUND 6:5 OR 5:4.

柱　凡檐柱，以6斗口定徑，以60斗口定高。
其他部位之柱，據檐柱加舉定高，徑視
檐柱徑增二寸為定法。不側腳，無卷殺。
惟收分7/1000。PERIPTERAL COLUMN
IS 6 TOU-K'OU IN DIAMETER, 60 TOU-
K'OU IN HEIGHT. DIAMETER FOR HYPOS-
TYLE COLUMN = 6 TOU-K'OU + 2 INCHES.

拱 KUNG
昂 ANG

斗 TOU
拱 KUNG

斗拱 TOU-KUNG

在比例上小於宋式甚多。用材以足材
為主，各臺枋間均不用斗。PROPORTIONALLY
MUCH SMALLER THAN SUNG TOU-KUNG.
TOU NO LONGER USED BETWEEN HORIZ-
ONTAL TIE MEMBERS.

HEIGHT OF COLUMN-柱高 = 60斗口 = 10 DIAMETER

檐柱
PERISTYLE
COLUMN

攢中　　攢中　　攢中　　攢中

11斗口　11斗口　11斗口

攢　斗拱一組也，宋稱朵。攢與攢間之距離
定為十一斗口，開間面闊以攢數定之。
A SET OF TOU-KUNG IS CALLED A TSAN.
SETS ARE SPACED AT INTERVALS OF 11 TOU-K'OU,
MULTIPLES OF WHICH GIVES WIDTHS OF BAYS.

鼓鏡
KU-CHING
"MIRROR BASE"

斗口

6斗口

斗口 TOU-K'OU　　清式稱材厚曰斗口，即宋之十分也。斗口自一寸至六寸，共十一等，但實物所見，最大
者僅至四寸。用材均高二斗口，單材僅用枚跳頭橫拱，高為1.4斗口。THE WIDTH OF A TS'AI IS KNOWN AS
A TOU-K'OU, RANGING FROM 1 TO 6 INCHES; DEPTH OF TS'AI = 2 TOU-K'OU. TAN-TS'AI, OR A LIGHT
TS'AI = 2 × 1.4 TOU-K'OU, USED ONLY FOR KUNGS EMPLOYED ON T'IAOS.

六、屋顶的坡度更陡

宋代称为"举折"的做法，在清代称为"举架"，即"举起屋架"之意。两种做法的结果虽大体相仿，但其基本概念却完全相异。宋代建筑的脊槫高度是事先定好了的，屋顶坡形曲线是靠下折以下诸槫而形成的；清代的匠师们却是由下而上，使其第一步即最低的两根槫的间距的举高为"五举"，即 5:10 的坡度；第二步为"六举"，即 6:10 的坡度；第三步为 $6\frac{1}{2}$:10；第四步为 $7\frac{1}{2}$:10；如此直到"九举"，即 9:10 的坡度，而脊槫的位置要依各步举高的结果而定。由此形成的清代建筑屋顶的坡度，一般都比宋代更陡。这一点使人们很容易区分建筑物的年代。

下面我们将会看到，清代建筑一般的特征是：柱和过梁外形刻板、僵直；屋顶坡度过分陡峭；檐下斗栱很小。可能是《工程做法则例》中那些严格的、不容变通的规矩和尺寸，竟使《营造法式》时代的建筑那种柔和秀丽的动人面貌丧失殆尽。

这两部书都没有提到平面布局问题。《营造法式》中有几幅平面图，但不是用以表明内部空间的分割，而只是表明柱的配置。中国建筑与欧洲建筑不同，无论是庙宇还是住宅，都很少在平面设计时将独立单元的内部再行分割。由于很容易在任何两根柱子之间用槅扇或屏风分割，所以内部平面设计的问题几乎不存在，总体平面设计则是涉及若干独立单位的群体组合。一般的原则是，将若干建筑物安排在一个庭院的四周，更确切地说，是通过若干建筑物的安排来形成一个庭院或天井。各建筑物之间有时以走廊相联，但较小的住宅则没有。一所大住宅常由沿着同一条中轴线的一系列庭院所组成，鲜有例外。这个原则同样适用于宗教和世俗建筑。从平面来说，庙宇住宅并无基本的不同。因此，古代常有一些达官巨贾"舍宅为寺"。

佛教传入以前和石窟中所见的
木构架建筑之佐证

间接资料中的佐证

前章曾提到过的安阳附近的殷墟仅仅是一处已毁的遗址（图10）。当时的中国结构体系基本上与今日相同这个结论，是我们通过推论得出的。其证明还在于晚些时间的实例。反映木构架建筑面貌的最早资料，是战国时期（公元前468—221年）一尊青铜钫上的雕饰（图9）。图为一座台基上的一栋二层楼房，有柱、出檐屋顶、门和栏杆。从结构的角度看，其平面布局应与殷墟遗址基本相同。特别重要的是，图中表现出柱端具有斗栱这一特征，后来斗栱形成了严格的比例关系，很像欧洲建筑中的"柱式"。除了这个雏形和殷墟遗址，以及其他几个刻画在铜器及漆器上的不那么重要、也不说明问题的图像之外，公元以前的中国建筑究竟是怎样的，人们还很不清楚。今后的考古发掘是否有可能把如此远古时期的中国建筑上部结构的面貌弄清楚，很令人怀疑。

图9
采桑猎钫拓本宫室图（战国时代）
Early pictorial representation of a
Chinese house

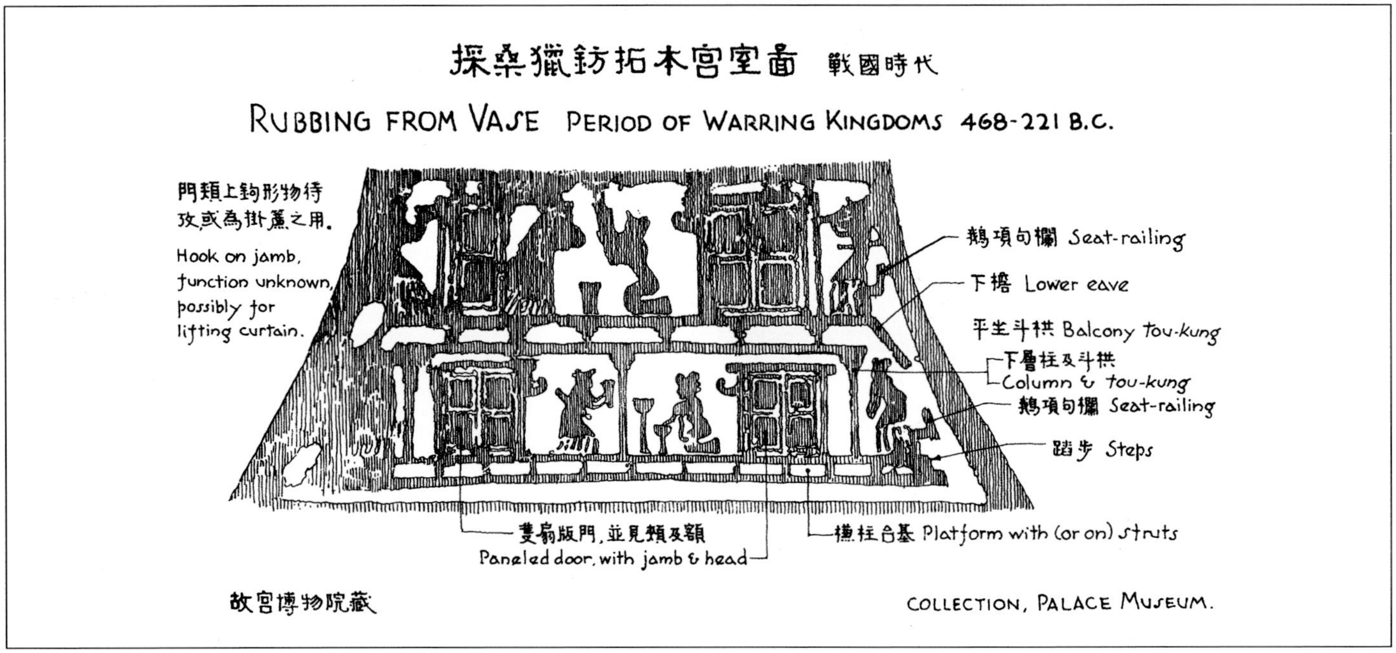

探桑獵钫拓本宫室畵 戰國時代
RUBBING FROM VASE PERIOD OF WARRING KINGDOMS 468-221 B.C.

門頰上鈎形物待
攷或爲掛簾之用.
Hook on jamb,
function unknown,
possibly for
lifting curtain.

鵝項句欄 Seat-railing
下檐 Lower eave
平坐斗栱 Balcony tou-kung
下層柱及斗栱
Column & tou-kung
鵝項句欄 Seat-railing
踏步 Steps

豐扁版門，並見頰及額
Paneled door, with jamb & head

橕柱台基 Platform with (or on) struts

故宫博物院藏

COLLECTION, PALACE MUSEUM.

图10

河南安阳殷墟"宫殿"遗址平面图

Indications of Shang-Yin period architecture

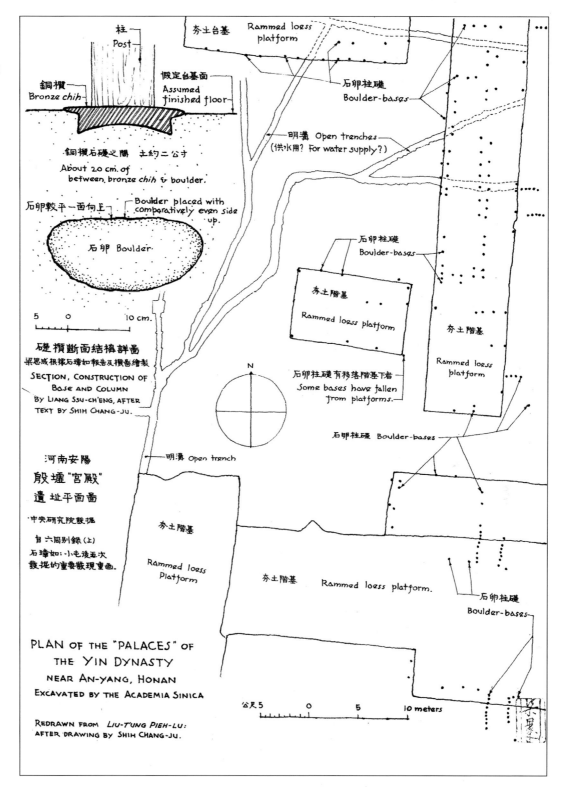

柱
Post

銅櫺
Bronze chih

假定台基面
Assumed finished floor

夯土台基　Rammed loess platform

石卵柱礎
Boulder-bases

銅櫺石礎之間　土約二公寸
About 20 cm. of between bronze chih & boulder.

明溝　Open trenches
(供水用?　For water supply?)

石卵較平一面向上
Boulder placed with comparatively even side up.

石卵 Boulder

石卵柱礎
Boulder-bases

夯土階基
Rammed loess platform

夯土階基
Rammed loess platform

5　0　10 cm.

礎櫺斷面結構詳圖
梁思成根據石璋如報告及櫺圖繪製
SECTION, CONSTRUCTION OF BASE AND COLUMN
BY LIANG SSU-CH'ENG, AFTER TEXT BY SHIH CHANG-JU.

N

石卵柱礎有移落階基下者
Some bases have fallen from platforms.

石卵柱礎 Boulder-bases

河南安陽
殷墟"宫殿"
遺址平面圖

中央研究院發掘

自六同別錄(上)
石璋如:小屯後五次
發掘的重要發現重畫.

明溝 Open trench

夯土階基
Rammed loess Platform

夯土階基　Rammed loess platform.

石卵柱礎
Boulder-bases

PLAN OF THE "PALACES" OF THE YIN DYNASTY
NEAR AN-YANG, HONAN
EXCAVATED BY THE ACADEMIA SINICA

公尺 5　0　5　10 meters

REDRAWN FROM LIU-T'UNG PIEH-LU:
AFTER DRAWING BY SHIH CHANG-JU.

汉代的佐证

在建筑上真正具有重要意义的最早遗例，见于东汉时期（25—220年）的墓。它们大体可分为三类：（1）崖墓（图11），其中一些具有高度的建筑性。这种墓大多见于四川省，少数见于湖南省；（2）独立的碑状纪念物——阙（图12），多数成双，位于通向宫殿、庙宇或陵墓的大道入口处的两侧；（3）供祭祀用的小型石屋——石室（图13），一般位于坟丘前。这些遗例都是石造，但却如此真实地表现出斗栱和梁柱结构的基本特征，以致我们对其用为蓝本的木构建筑可以获得一个相当清楚的概念。

从上述三种遗例中，可以看出这一时期建筑的某些突出的特征：（1）柱呈八角形，冠以一个巨大的斗，斗下常有一条带状线道，代表皿板即一方形小板[1]；（2）栱呈S字形，看来这不像是当时实有的木材成型方式；（3）屋顶和檐都由椽支承，上面覆以筒瓦，屋脊上有瓦饰。

汉代的木构宫殿和房屋的任何实物，现在都已不存。今天我们只能从当时的诗、文中略知其宏伟规模。但从墓中随葬的陶制明器建筑物中（图14）以及陵墓石室壁上的画像石中（图15），不难对汉代居住建筑有所了解。其中既有多层的大厦，也有简陋的普通民居。有一个实例的侧立面呈L字形，并以墙围成一个庭院（图16）。我们甚至从一座望楼中看出了佛塔的雏形。有些模型清楚地表现了建筑的木构架体系。这里我们再次看到了斗栱的主导作用。其作用是如此之大，以致如果没有对中国建筑中的这个决定性成分的透彻了解，对中国建筑的研究便将无法进行。从这些明器和画像石中，我们也可见到后世所用的所有五种屋顶结构：庑殿、硬山、悬山、歇山、攒尖（图3）。当时筒瓦的作用已和今天一样普遍了。

---

[1]　6或7世纪以后，这一构件在中国建筑中即不再见。皿板一词借自日语，为7至8世纪日本建筑中该构件之名。——费慰梅注

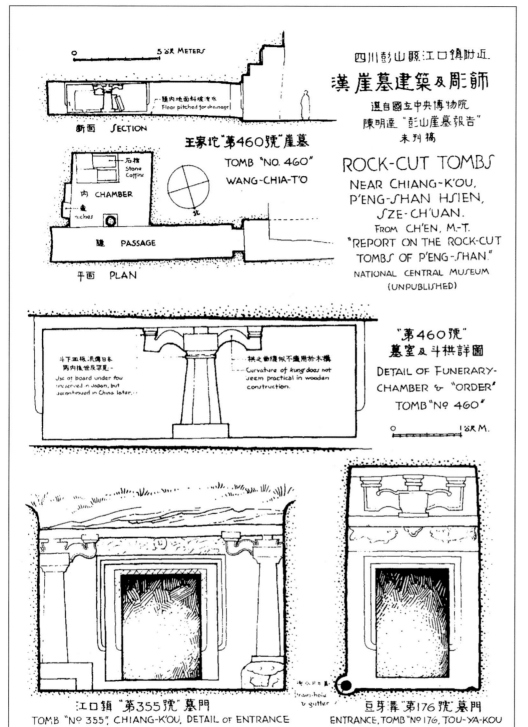

四川彭山縣江口鎮附近.

漢崖墓建築及彫飾

選自國立中央博物院
陳明達"彭山崖墓報告"
未刊稿

ROCK-CUT TOMBS
NEAR CHIANG-K'OU,
P'ENG-SHAN HSIEN,
SZE-CH'UAN.
FROM CH'EN, M.-T.
"REPORT ON THE ROCK-CUT
TOMBS OF P'ENG-SHAN."
NATIONAL CENTRAL MUSEUM
(UNPUBLISHED)

5公尺 METERS

斷面 SECTION
腰內地面斜坡洩水
Floor pitched for drainage

王家沱"第460號"崖墓
TOMB "NO. 460"
WANG-CHIA-T'O

石棺
Stone Coffins

內 CHAMBER
龕 niches

北

墜 PASSAGE

平面 PLAN

"第460號"
墓室及斗拱詳圖
DETAIL OF FUNERARY-
CHAMBER & "ORDER"
TOMB "NO. 460"

斗下皿板流傳日本
兩肉推世反罕見
Use of board under tou
preserved in Japan, but
discontinued in China later.

拱之曲緣似不適用於本構
Curvature of kung does not
seem practical in wooden
construction.

0   1公尺 M.

江口鎮"第355號"墓門
TOMB "NO.355", CHIANG-K'OU, DETAIL OF ENTRANCE

漢心石墓
trans-hole
& gutter

豆芽薲"第176號"墓門
ENTRANCE, TOMB "NO.176, TOU-YA-KOU

图11
四川彭山县江口镇附近汉崖墓建筑及雕饰
Han rock-cut tombs near Chiang-k'ou, Peng-shan, Szechuan

a
平面及详图
a Plans and details

b
崖墓外景（陈明达摄于 1940 年）
b A tomb

图 12

汉石阙数种（阙是对当时简单
的木构建筑的模仿）

Han stone ch'üeh. These piers
imitate contemporary simple
wood construction.

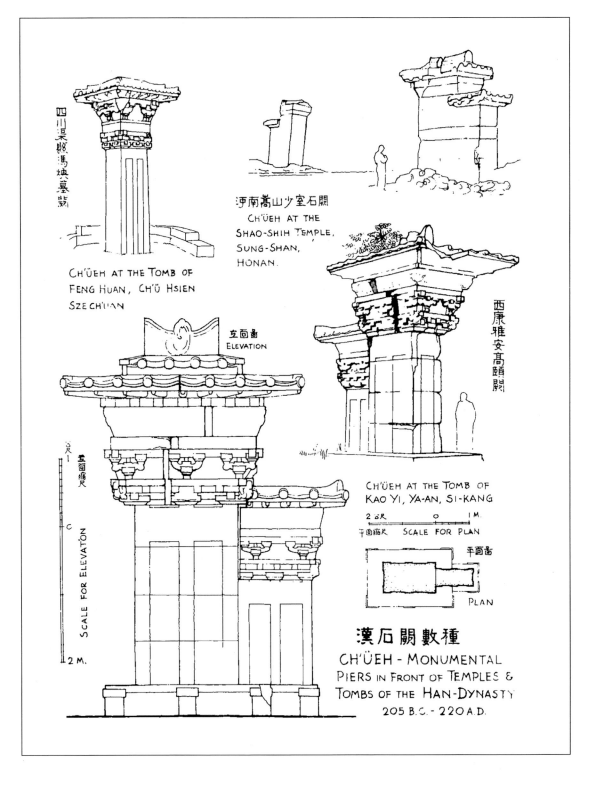

四川渠縣馮煥墓關

CH'ÜEH AT THE TOMB OF
FENG HUAN, CH'Ü HSIEN
SZE CH'UAN

河南嵩山少室石關

CH'ÜEH AT THE
SHAO-SHIH TEMPLE,
SUNG-SHAN,
HONAN.

西康雅安高頤關

立面圖
ELEVATION

尺
五□縮尺

C

SCALE FOR ELEVATION

2 M.

CH'ÜEH AT THE TOMB OF
KAO YI, YA-AN, SI-KANG

2 5R   0   1 M.
平面縮尺   SCALE FOR PLAN

平面圖

PLAN

漢石關數種

CH'ÜEH - MONUMENTAL
PIERS IN FRONT OF TEMPLES &
TOMBS OF THE HAN-DYNASTY
205 B.C. - 220 A.D.

图 13

独立式汉墓石室

Han free-standing tomb shrines

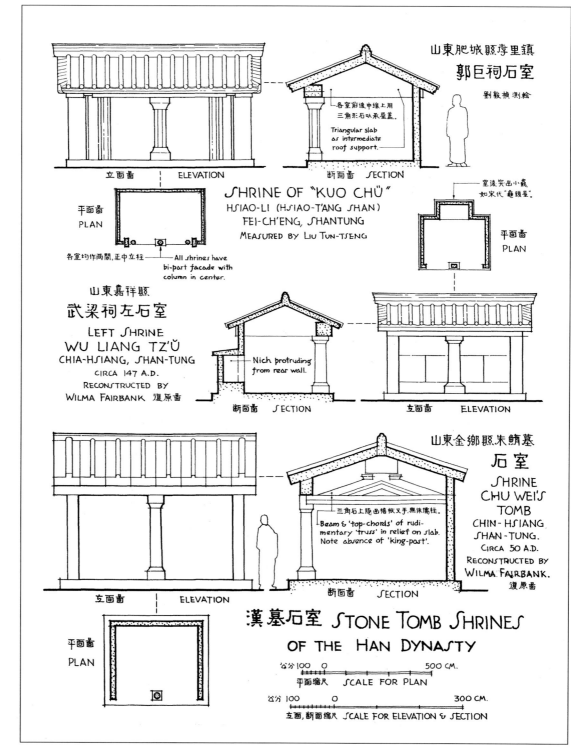

山東肥城縣孝里鎮
郭巨祠石室
劉敦楨測繪

各室前後中線上用
三角形石臥承屋蓋.
Triangular slab
as intermediate
roof support.

立面畫　ELEVATION　　断面畫 SECTION

SHRINE OF "KUO CHÜ"
HSIAO-LI (HSIAO-T'ANG SHAN)
FEI-CH'ENG, SHANTUNG
MEASURED BY LIU TUN-TSENG

平面畫
PLAN

各室均作兩間,正中立柱　All shrines have
bi-part façade with
column in center.

室後突出小龕
如宋代"龜頭屋".

平面畫
PLAN

山東嘉祥縣
武梁祠左石室
LEFT SHRINE
WU LIANG TZ'Ŭ
CHIA-HSIANG, SHAN-TUNG
CIRCA 147 A.D.
RECONSTRUCTED BY
WILMA FAIRBANK 復原畫

Nich protruding
from rear wall.

断面畫 SECTION　　立面畫 ELEVATION

山東金鄉縣朱鮪墓
石室
SHRINE
CHU WEI'S
TOMB
CHIN-HSIANG
SHAN-TUNG.
CIRCA 50 A.D.
RECONSTRUCTED BY
WILMA FAIRBANK.
復原畫

三角石上隱出檔桄叉手,無侏儒柱.
Beam & 'top-chords' of rudi-
mentary 'truss' in relief on slab.
Note absence of 'king-post'.

立面畫　ELEVATION　　断面畫 SECTION

平面畫
PLAN

漢墓石室 STONE TOMB SHRINES
OF THE HAN DYNASTY

公分100　0　　　　　500 CM.
平面縮尺　SCALE FOR PLAN

公分100　0　　　　300 CM.
立面,断面縮尺 SCALE FOR ELEVATION & SECTION

图 14
汉明器建筑物数种
Clay house models from Han tombs

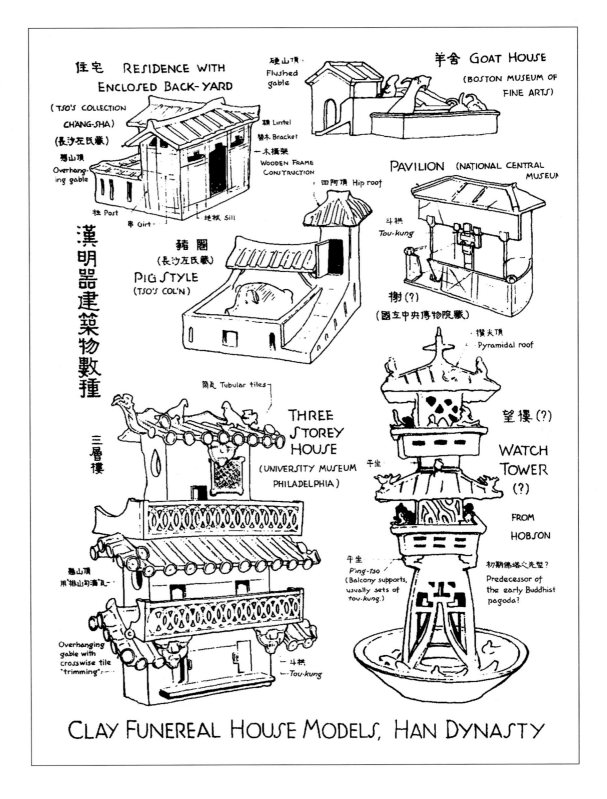

CLAY FUNEREAL HOUSE MODELS, HAN DYNASTY

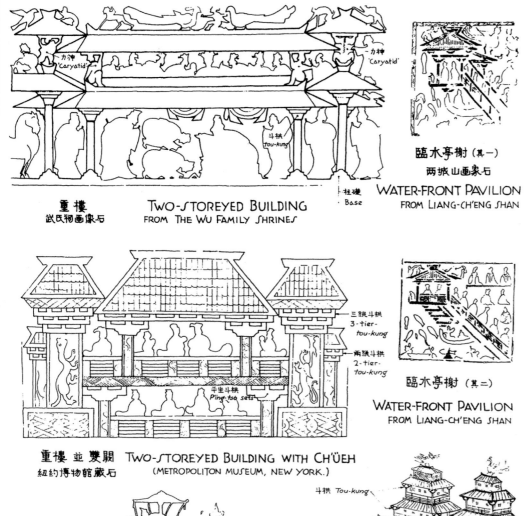

力神 'Caryatid'

力神 'Caryatid'

斗栱 Tou-kung

柱礎 Base

臨水亭榭（其一）
两城山画象石

WATER-FRONT PAVILION
FROM LIANG-CH'ENG SHAN

重樓
武氏祠画像石

TWO-STOREYED BUILDING
FROM THE WU FAMILY SHRINES

三跳斗栱 3-tier-tou-kung

兩跳斗栱 2-tier-tou-kung

平坐斗栱 Ping-tso sets

臨水亭榭（其二）

WATER-FRONT PAVILION
FROM LIANG-CH'ENG SHAN

重樓 並 雙闕
纽约博物館藏石

TWO-STOREYED BUILDING WITH CH'ÜEH
(METROPOLITON MUSEUM, NEW YORK.)

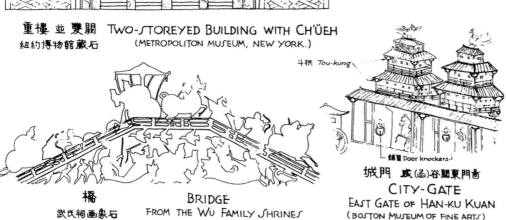

斗栱 Tou-kung

鎖首 Door knockers

城門 咸（函）谷關東門高

CITY-GATE
EAST GATE OF HAN-KU KUAN
(BOSTON MUSEUM OF FINE ARTS)

橋
武氏祠画象石

BRIDGE
FROM THE WU FAMILY SHRINES

漢画象石中
建築數種

**ARCHITECTURE FOUND IN ENGRAVED STONES
(OR RELIEFS) OF THE HAN DYNASTY** 205 B.C.—220 A.D.

图 16

汉代陶制明器　美国密苏里州堪萨斯市纳尔逊—阿特金斯博物馆藏：这座三层的汉代住宅的结构以粗略的造型和彩绘来表现。不仅在檐下，而且在阳台下面都用了斗栱。在第三层使用了转角斗栱，但却没有解决问题。大门两侧的角楼与华北地区所见石阙相似。
Han funerary clay house model, Nelson-Atkins Museum, Kansas City, Missouri. The structural frame of a three-story Han dwelling is indicated by crude modeling and painting. Tou-kung are used not only under the eaves but also under the balcony. Corner bracket sets are introduced on the third story, but the solution is not satisfactory. The two corner towers flanking the gate are similar to the stone ch'üeh found in North China.

图 15

汉画像石中建筑数种
Architecture depicted in Han engraved reliefs

石窟中的佐证

佛教传入中国的时期，大体上相当于公元开始的时候。虽然根据记载，早在 3 世纪初中国就已出现了"下为重楼，上累金盘"的佛塔，但现存的佛教建筑却都是 5 世纪中叶以后的实物。从此时起直到 14 世纪晚期，中国建筑的历史几乎全是佛教（以及少数道教）庙宇和塔的历史。

山西大同近郊的云冈石窟（5 世纪中叶至 5 世纪末），虽无疑渊源于印度，其原型来自印度卡尔里、阿旃陀等地，但其发源地对它的影响却小得惊人。石窟的建筑手法几乎完全是中国式的。唯一标志着其外来影响的，就是建造石窟这种想法本身，以及其希腊—佛教型的装饰花纹，如莨苕、卵箭、卍字、花绳和莲珠等等。从那时起，它们在中国装饰纹样的语汇中生了根，并大大地丰富了中国的饰纹（图 17）。

我们可以从两方面来研究云冈石窟的建筑：（1）研究石窟本身，包括其内外建筑手法；（2）从窟壁浮雕所表现的建筑物上研究当时的木构和砖石建筑（图 18）。浮雕中有许多殿堂和塔的刻像，这些建筑当时曾遍布于华北和华中的平原和山区。

在崖石上开凿石窟的做法在华北地区一直延续到唐（618—907 年）中叶，此后，在西南，特别是四川省，直到明代（1368—1644 年）还有这种做法。其中只有早期的石窟才引起那种史家的兴趣。山西太原附近的天龙山石窟和河南、河北两省交界处的响堂山石窟最富建筑色彩，它们都是北齐和隋代（6 世纪末至 7 世纪初）的遗迹（图 19）。

这些石窟以石刻保存了当时的木构建筑的逼真摹本。其最显著特色是：柱大多呈八角形，柱头作大斗状，同汉崖墓中所见相似。柱头上置阑额，阑额再承铺作中的栌斗。后来，这种做法演变为将阑额直接卯合于柱端，而把铺作中的栌斗直接放在柱顶上（两个斗合并为一）。

在石窟所表现的建筑手法中，斗栱始终是一个主导的构件。它们仍如汉崖墓中所见的那么简单，但 S 字形的栱已经取直，似更合理。在两柱之间的阑额上，使用了人字形补间铺作。这种做法在现存的中国建筑中仅存一例，即河南登封县会善寺净藏禅师塔（图 64d、e），其上尚有用砖模仿的人字形补间铺作。塔建于 746 年〔唐天宝五年〕。此外只能在建于这一时期的几座日本木构建筑上见到。

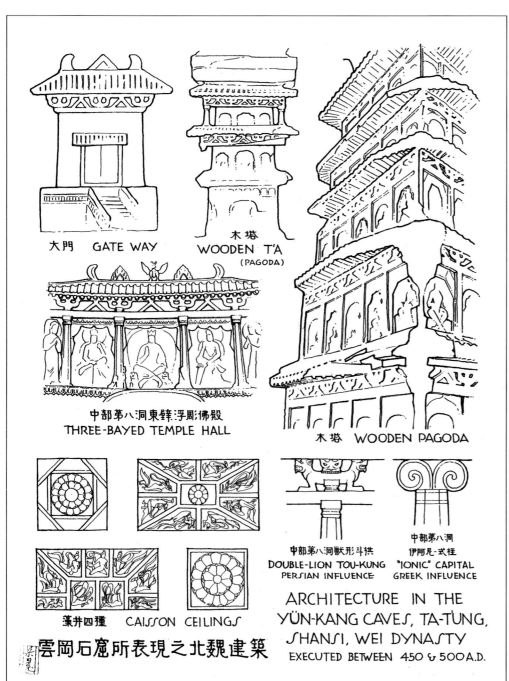

大門　GATE WAY

木塔　WOODEN T'A
(PAGODA)

中部第八洞東鍂浮剛佛殿
THREE-BAYED TEMPLE HALL

木塔　WOODEN PAGODA

中部第八洞獸形斗拱
DOUBLE-LION TOU-KUNG
PERSIAN INFLUENCE

中部第八洞
伊阿尼式柱
"IONIC" CAPITAL
GREEK INFLUENCE

藻井四種　CAISSON CEILINGS

雲岡石窟所表現之北魏建築

ARCHITECTURE IN THE
YÜN-KANG CAVES, TA-TUNG,
SHANSI, WEI DYNASTY
EXECUTED BETWEEN 450 & 500 A.D.

图17
云冈石窟中一座门的饰纹细部（中国营造学社 摄。以下照片图注未标出处者，均为中国营造学社所摄。——本版次编辑者补注）
Detail of an interior doorway, Yun-kang Caves, near Ta-t'ung, Shansi, 450—500

图18
云冈石窟所表现之北魏建筑
Architectural elements carved in the Yun-kang Caves

图 19

齐隋建筑遗例
Architectural representations
from the North Ch'i and Sui
dynasties

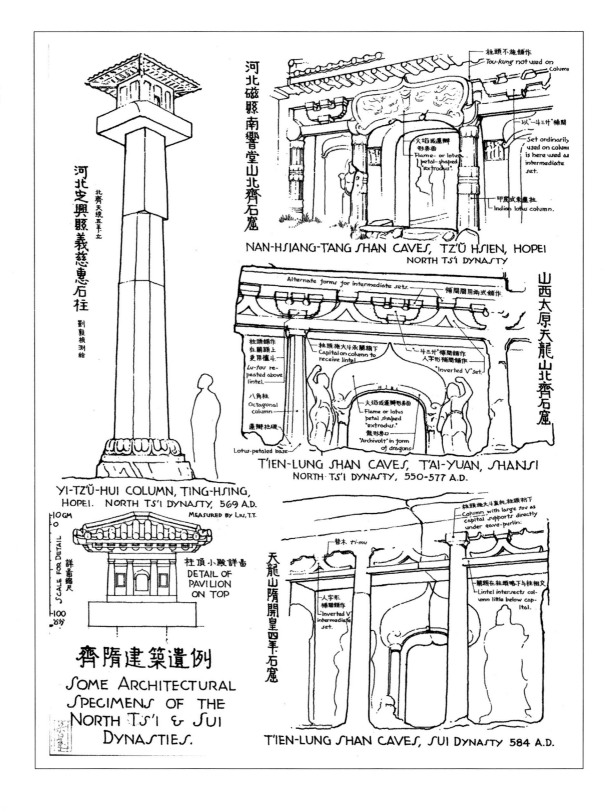

河北磁縣 南響堂山北齊石窟
NAN-HSIANG-T'ANG SHAN CAVES, TZ'Ŭ HSIEN, HOPEI
NORTH TS'I DYNASTY

柱頭不施鋪作
Tou-kung not used on Column

大墙或蓮瓣形券面
Flame- or lotus petal-shaped "extrodus."

以"一斗三升"補間
Set ordinarily used on column is here used as intermediate set.

印度或蓮瓣柱
Indian lotus column.

山西太原天龍山北齊石窟
T'IEN-LUNG SHAN CAVES, T'AI-YUAN, SHANSI
NORTH TS'I DYNASTY, 550-577 A.D.

Alternate forms for intermediate sets.
補間間用兩式鋪作

柱頭鋪作 在闌額上 更用櫨斗 Lu-tou repeated above lintel.

柱頭施大斗承闌額下 Capital on column to receive lintel.

"斗三升"補間鋪作 人字形補間鋪作 Inverted "V" set.

八角柱 Octagonal column

蓮瓣柱礎

大墙或蓮瓣形券面 Flame or lotus petal shaped "extrodus."

龍形券口 "Archivolt" in form of dragons.

Lotus-petaled base

河北芝興縣義慈惠石柱
北齊天統五年立
劉敦楨測繪

YI-TZ'Ŭ-HUI COLUMN, TING-HSING,
HOPEI. NORTH TS'I DYNASTY, 569 A.D.

MEASURED BY LIU, T.T.

10 GM
0

SCALE FOR DETAIL
詳圖縮尺

100
公分

柱頂小殿詳圖
DETAIL OF
PAVILION
ON TOP

齊隋建築遺例
SOME ARCHITECTURAL
SPECIMENS OF THE
NORTH TS'I & SUI
DYNASTIES.

天龍山隋開皇四年石窟
T'IEN-LUNG SHAN CAVES, SUI DYNASTY 584 A.D.

柱頭施大斗直托柱頭枋下
Column with large tou as capital supports directly under eave-purlin.

替木 ti-mu

人字形 補間鋪作 Inverted V intermediate set.

闌額在柱頭略下與柱相交
Lintel intersects column little below capital.

木构建筑重要遗例

中国人所用的主要建筑材料——木材，是非常容易朽坏的。它们会遭到风雨和蛀虫的自然侵蚀，又极易燃烧。在宗教建筑中，它们又总是受到善男信女们所供奉的香火的威胁。加之，时时的内战和宗教斗争也很不利于木构建筑的保存。每一新朝代的开国者们，依惯例总是要对败者的都城大肆劫掠，他们不是造反者，就是军阀或北方落后民族的首领。怀着对被征服的原统治者极大的敌意，他们总是要把大大小小的王公贵戚们那无数金碧辉煌的宫殿夷为一片废墟。（作为这种野蛮习惯的极少数例外之一的，是 1912 年中华民国的建立。当时，清朝皇宫作为一处博物院，向公众开放了。）

尽管中国一直被认为是个信教自由的国家，但自 5 世纪到 9 世纪，至少曾发生过三次对佛教的大迫害。其中第三次发生在 845 年〔唐武宗会昌五年〕〔"会昌灭法"〕，当时全国的佛教庙宇寺院几乎被扫荡一空。可能正是这些情况以及木材的易毁性，说明了何以中国 9 世纪中叶以前的木构建筑已完全无存。

中国近年来的趋势，特别是自中华民国建立以来，对于古建筑的保存来说仍是不利的。自 19 世纪中叶以来，中国屡败于近代列强，使中国的知识分子和统治阶级对一切国粹都失去了信心。他们的审美标准全被搅乱了：古老的被抛弃了；对于新的即西方的，却又茫然无所知。佛教和道教被斥为纯粹的迷信，而且，不无理由地被视为使中国人停滞的原因之一。总的倾向是反对传统观念。许多庙宇被没收并改作俗用，被反对传统的官员们用作学校、办公室、谷仓，甚至成了兵营、军火库和收容所。在最好的情况下，这些房子被改建以适应其新功用；而最坏的，这些倒霉的建筑物竟成了毫无纪律、薪饷不足的大兵们任意糟踏的牺牲品，他们由于缺少燃料，常把一切可拆的部件——槅扇、门、窗、栏杆，甚至斗栱都拆下来烧火做饭。

直到 20 世纪 20 年代后期，中国的知识分子才开始认识到自己的建筑艺术的重要性决不低于其书法和绘画。首先，有一些外国人建造了一批中国式的建筑；其次，一些西方和日本的学者出版了一些书和文章来论述中国建筑；最后，有一批到西方学习建筑技术的中国留学生回到了国内，他们认识到建筑不仅是一些砖头和木料而已，它是一门艺术，是民族和时代的表征，是一种文化遗产。于是，知识阶层过去对于"匠作之事"的轻视态度，逐渐转变为赞赏和钦佩。但是要想使地方当局也获得这种认识，可不是容易的事，而保护古迹却有赖于这些人。在那些无知者和漠不关心者手中，中国的古建筑仍在不断地遭到破坏。

最后，日本对中国的侵略战争（1937—1945年）究竟造成了多大的破坏，目前尚不可知。如果本书所提到的许多文物建筑今后将仅仅留下这些照片和图版而原物不复存在，那也是预料中事。

对于现存的，更确切地说20世纪30年代尚存的这些建筑，我们可试分之为三个主要时期："豪劲时期"，"醇和时期"和"羁直时期"（图20、图21）。

豪劲时期包括自9世纪中叶至11世纪中叶这一时期，即自唐宣宗大中至宋仁宗天圣末年。其特征是比例和结构的壮硕坚实。这是繁荣的唐代必然的特色。而我们所提到的这一时期仅是它们一个光辉的尾声而已。

醇和时期自11世纪中叶至14世纪末，即自宋英宗治平，中经元代，至明太祖洪武末。其特点是比例优雅、细节精美。

羁直时期系自15世纪初到19世纪末，即自明成祖（永乐）年间夺取其侄帝位，由南京迁都北京，一直延续到清王朝被中华民国推翻。这一时期的特点是建筑普遍趋向僵硬；由于所有水平构件尺寸过大而使建筑比例变得笨拙；以及斗栱（相对于整个建筑来说）尺寸缩小，因而补间铺作攒数增加，结果竟失去其原来的结构功能而蜕化为纯粹的装饰品了。

这样的分期法当然只是我个人的见解。在一种演化的过程中，不可能将那些难以觉察的进程截然分开。因此，在一座早期的建筑中，也可能见到某些后来风格或后来特点的前兆；而在远离文化政治中心的边远地区的某个晚期建筑上，也会发现仍有一些早已过时的传统依然故我。不同时期的特征必然会有较长时间的互相交错。

图 20
历代木构殿堂外观演变图
Evolution of the general appearance of timber-frame halls

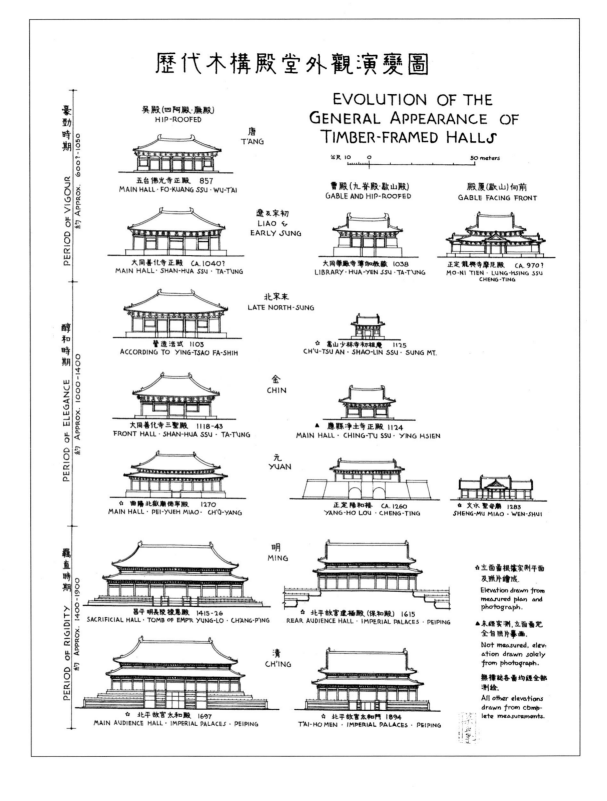

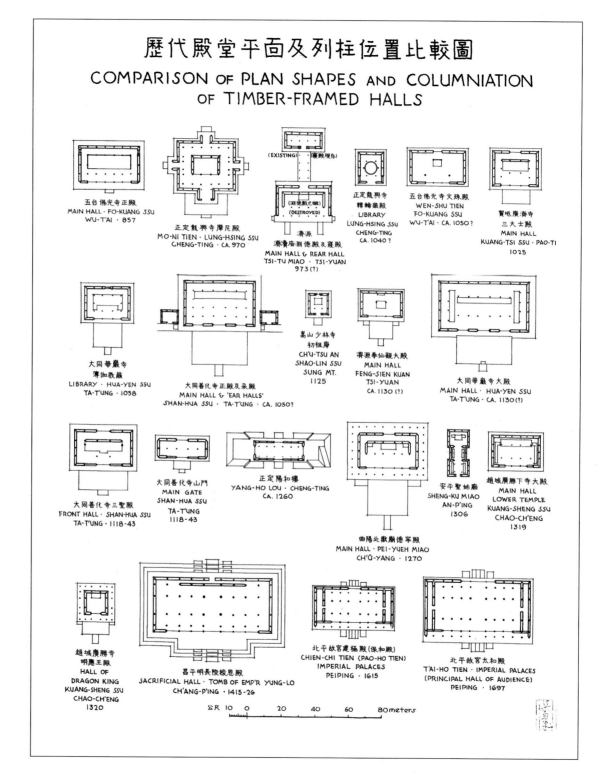

图21
历代殿堂平面及列柱位置
比较图

Comparison of plan and
columniation of timber-frame
halls

豪劲时期（约公元 850—1050 年）

间接资料中的佐证

豪劲时期的建筑，今天只有属于其末期的少数实物尚存。这个时期在 9 世纪中叶前必定有其相当长的一段光辉历史，甚至远溯到唐朝初年，即 7 世纪早期。然而对于这个时期中假定的前半段的木构建筑，我们却只能借助于当时的图像艺术去探索其消息。在陕西西安大雁塔（701—704 年）〔唐武后长安中〕西门门楣上的一幅石刻中，有一个佛寺大殿的细致而准确的图形（图 22），从中人们第一次看到斗栱中有向外挑出的华栱，作悬臂用以支承上面那个很深的出檐。但这并不是说，华栱直到此时才出现。相反，它必定早已被使用，甚至可能已经几百年了，所以才能发展到如此适当而成熟的程度，并被摹写于画图之中，成为一种可被我们视为典型的形象。两层外挑的华栱上置以横栱，还使用了人字栱作为补间铺作。正脊两端的鸱尾和垂脊上面花蕾形的装饰都与后世的不同。图中唯一不够准确之处是柱子过细，可能是因为不愿挡住殿内的佛像和罗汉才这么画的。

另一些重要的资料是由斯坦因爵士和伯希和教授取自甘肃敦煌千佛洞（5—11 世纪）后加以复原的唐代绘画，它们现存英国不列颠博物馆和法国卢浮宫。这些绢画和壁画所描绘的是西方极乐世界。其中有许多建筑物如殿、阁、亭、塔之类的形象。画中的斗栱不仅有外挑的华栱，而且还有斜置的、带尖端的昂。这是利用杠杆原理使之支承深远出檐。这种结构方式，后来在大多数殿堂建筑中都可见到。其他许多建筑细节在这些绘画中都可以找到（图 23）。

在四川的某些晚唐石窟中，也可见到同样主题的浮雕，但其中的建筑比绘画中的要简单得多，显然是受其材料所限。把表现同样主题的浮雕和绘画加以比较，使我们有理由推断，汉墓和魏、齐、隋代的石窟中所见的建筑，肯定只是对于原状已发展得远为充分的木构建筑的简化了的描绘而已。

A TEMPLE HALL OF THE T'ANG DYNASTY

AFTER A RUBBING OF THE ENGRAVING ON THE TYMPANIUM OVER THE WEST GATEWAY OF TA-YEN T'A, TZ'U-EN SSŬ, SI-AN, SHENSI

唐代佛殿圖　摹自陝西長安大雁塔西門門楣石画像

图 22

唐代佛殿图（摹自陕西长安大雁塔西门门楣石画像，701—704 年）

A temple hall of the T'ang dynasty, engraved relief from the Ta-yen T'a (Wild Goose Pagoda), Sian, Shensi, 701—704

图 23

敦煌石室画卷中唐代建筑部分
详图

T'ang architectural details from
scrolls discovered in the Caves
of the Thousand Buddhas, Tun-
huang, Kansu

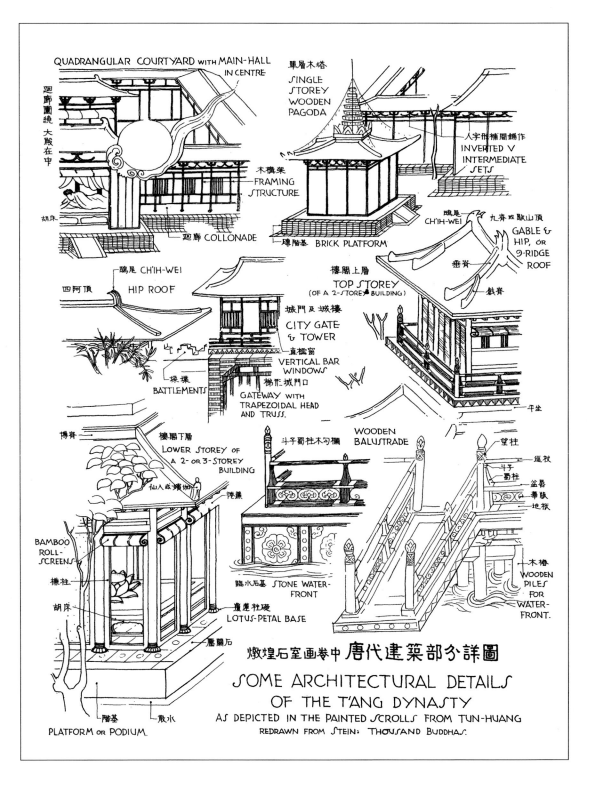

佛光寺

目前所知的木构建筑中最早的实物,是山西五台山佛光寺的大殿[1](图24)。该殿建于857年〔唐宣宗大中十一年〕,即会昌灭法之后十二年。该址原有一座七间、三层、九十五尺〔中国尺,此说系作者引自中国古文献〕高,供有弥勒巨像的大阁。现存大殿是被毁后重建的,为单层、七间,其严谨而壮硕的比例使人印象极深。巨大的斗栱共有四层伸出的臂〔"出跳"〕——两层华栱,两层昂〔"双抄双下昂"〕,斗栱高度约等于柱高的一半,其中每一构件都有其结构功能,从而使整幢建筑显得非常庄重,这是后来建筑所未见的。

大殿内部显得十分典雅端庄。月梁横跨内柱间,两端各由四跳华栱支承,将其荷载传递到内柱上。殿内所有梁〔明栿〕的各面都呈曲线,与大殿庄严的外观恰成对照。月梁的两侧微凸,上下则略呈弓形,使人产生一种强劲有力的观感,而这是直梁所不具备的。

从结构演变阶段的角度看,这座大殿的最重要之处就在于有着直接支承屋脊的人字形构架;在最高一层梁的上面,有互相抵靠着的一对人字形叉手以撑托脊槫,而完全不用侏儒柱。这是早期构架方法留存下来的一个仅见的实例。过去只在山东金乡县朱鲔墓石室(公元1世纪)雕刻(图13)和敦煌的一幅壁画中见到过类似的结构。其他实例,还可见于日本奈良法隆寺庭院周围的柱廊。佛光寺是国内现存此类结构的唯一遗例。

尤为珍贵的是,这座大殿内还保存了一批与建筑物同时的塑像、壁画和题字。在巨大的须弥座上,有30多尊巨型佛像和菩萨像。但最引人注目的,却是两尊谦卑的等身人像,其中之一为本殿女施主宁公遇像,另一为本寺住持愿诚和尚像,他是弥勒大阁在845年〔会昌五年〕被毁后主持重修的人。梁的下面有墨笔书写的大殿重修时本地区文武官员及施主姓名。在一处栱眼壁上留有一幅大小适中的壁画,为唐风无疑。与之相比,旁边内额上绘于1122年〔宣和四年〕的宋代壁画,虽然也十分珍贵,却不免逊色了。这样,在一座殿内竟保存了中国所有的四种造型艺术,

---

[1] 后来在同一地区曾发现了一座更早的较小而较简单的殿——建于782年的南禅寺,见1954年第一期《文物》杂志。——费慰梅注

而且都是唐代的，其中任何一件都足以被视为国宝。四美荟于一殿，真是不可思议的奇迹。

此后的 120 年是一段空白，其间竟无一处木构建筑遗存下来。在这以后敦煌石窟中有两座年代可考的木建筑，分别建于 976 年〔宋太平兴国元年〕和 980 年〔太平兴国五年〕，但它们几乎难以被称之为真正的建筑，而仅仅是石窟入口处的窟廊，然而毕竟是罕见的宋初遗物。

图24
山西五台山佛光寺大殿，建于 857 年
Main Hall, Fo-kuang Ssu, Wu-t'ai Shan,
Shansi, 857

图24a
全景 右上方为大殿，左侧长屋顶为后来所建的文殊殿（莫宗江 补摄于1950 年）
General view. The Main Hall is at upper right; the long roof at left is the later Wen-shu Tien

图 24b
立面
Facade

图 24c
外檐斗栱
Exterior *tou-kung*

图 24d
佛光寺大殿前廊，前景中三脚架旁立者为梁思成（莫宗江 摄）
Front interior gallery. Liang at tripod in foreground.

图 24e
大殿内槽斗栱及梁
Inside of hypostyle

图 24h
女施主宁公遇像
Statue of lady donor

图 24i
愿诚和尚像
Statue of abbot

图 24f
佛光寺大殿内槽斗栱及唐代壁画
Interior of tou-kung and T'ang mural

图 24g
屋顶构架
Roof frame

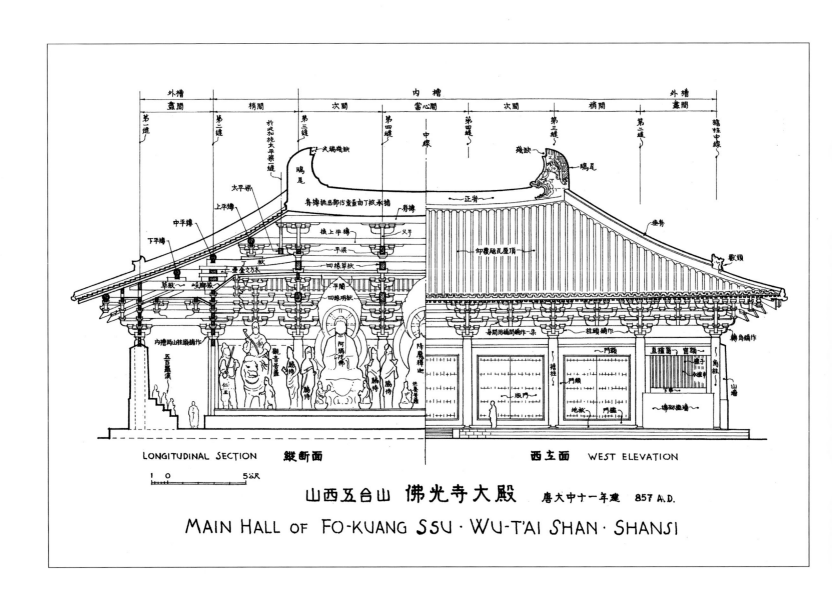

山西五台山 **佛光寺大殿** 唐大中十一年建 857 A.D.

MAIN HALL OF FO-KUANG SSU · WU-T'AI SHAN · SHANSI

LONGITUDINAL SECTION 縱斷面

西立面 WEST ELEVATION

图 24j

佛光寺大殿纵断面和西立面图

Elevation and longitudinal section

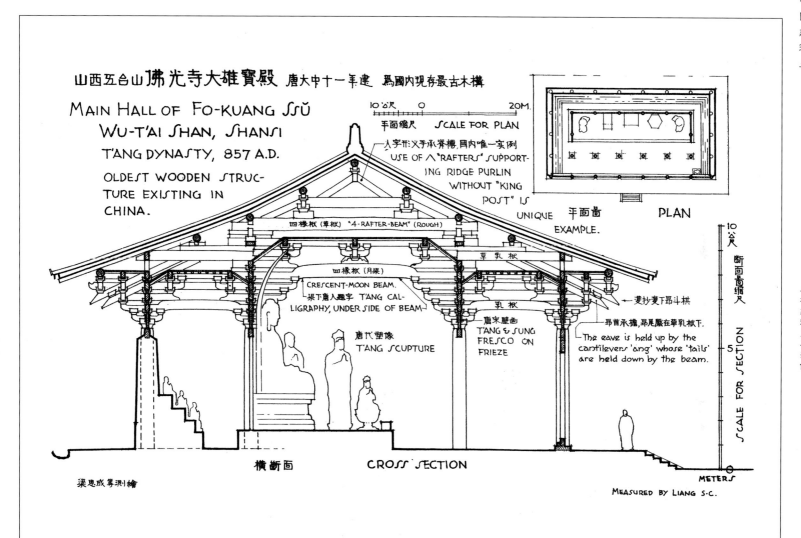

山西五台山佛光寺大雄寶殿 唐大中十一年建 爲國內現存最古木構

MAIN HALL OF FO-KUANG SSŬ
WU-T'AI SHAN, SHANSI
T'ANG DYNASTY, 857 A.D.

OLDEST WOODEN STRUC-
TURE EXISTING IN
CHINA.

10公尺 0 20M.
平面縮尺 SCALE FOR PLAN

人字形义手承脊槫，國內唯一实例
USE OF ∧ "RAFTERS" SUPPORT-
ING RIDGE PURLIN
WITHOUT "KING
POST" IS
UNIQUE
EXAMPLE.

平面圖 PLAN

四橡栿 (草栿) "4-RAFTER-BEAM" (ROUGH)

草乳栿

四橡栿 (月梁)
CRESCENT-MOON BEAM.
梁下唐人題字 T'ANG CAL-
LIGRAPHY, UNDER SIDE OF BEAM

乳栿

唐代塑像
T'ANG SCUPTURE

唐宋壁画
T'ANG & SUNG
FRESCO ON
FRIEZE

斐抄雙下昂斗栱

昂首承槫，昂尾壓在草乳栿下.
The eave is held up by the
cantilevers 'ang' whose 'tails'
are held down by the beam.

10公尺 断面高縮尺

5

SCALE FOR SECTION

橫斷面　CROSS SECTION

梁思成等測繪

METERS
MEASURED BY LIANG S·C.

图 24k
佛光寺大雄宝殿平面和断面图
Plan and cross section

独乐寺的两栋建筑物

按年代顺序，再往后的木构建筑是河北蓟县独乐寺中宏伟的观音阁及其山门，同建于 984 年〔辽统和二年〕。当时这一地区正处于辽代契丹人的统治之下。阁（图 25）为两层，中间夹有一个暗层。阁中有一尊十一面观音巨型塑像，高约五十二英尺〔约 16 米〕，是国内同类塑像中最大的。阁的上面两层环像而建，中间形成一个空井，成为围绕像的胸部和臀部的两圈回廊。从结构上说，阁由三层"叠柱式"结构（斗栱梁柱的构架相叠）组成，每层都有齐全的柱和斗栱。斗栱的比例和细部与佛光寺唐代大殿十分接近。但在此处，除在顶层采用了双层栱和双层昂结构（"双抄双下昂"）外，在平坐和下层外檐柱上还使用了没有昂的重栱。略似于大雁塔门楣石刻中的形象（图22）。阁内斗栱，位置不同，形式各异，各司其职以支承整栋建筑，从而形成了一个斗栱的大展览。棋盘状小方格的天花〔平阁〕用直梁而不用月梁承托。脊槫的支承，除用叉手外尚加侏儒柱，形成一个简单的桁架。在这以后一个时期中，侏儒柱逐渐完全取代了叉手，成了将脊槫的重量传递到梁上去的唯一构件。这样，叉手之有无，以及它们与侏儒柱相比的大小，就成了辨别建筑年代的一个明显标志。这时期的另一特征除罕例以外，是其内柱常与檐柱同高。梁架的上部由相叠的斗栱支承，而极少如后来那样，把内柱加高以接近高处的构件。

图 25
河北蓟县独乐寺观音阁，建于 984 年
Kuan-yin Ke, Tu-le Ssu, Chi Hsien,
Hopei, 984

图 25a
全景、立面　檐角下立柱为后来新加
General view, facade (eave props
added later)

图 25b
模型，显示了细部结构（此模型系中国营造学社在抗战前所制。——本版次编辑者补注）
Model, showing structural details

图 25c
外檐斗栱
Exterior tou-kung

图 25d
内部斗栱
Interior well

图 25e
观音像仰视
25e Kuan-Yin statue from below

图 25f
第三层内景
Interior, upper story

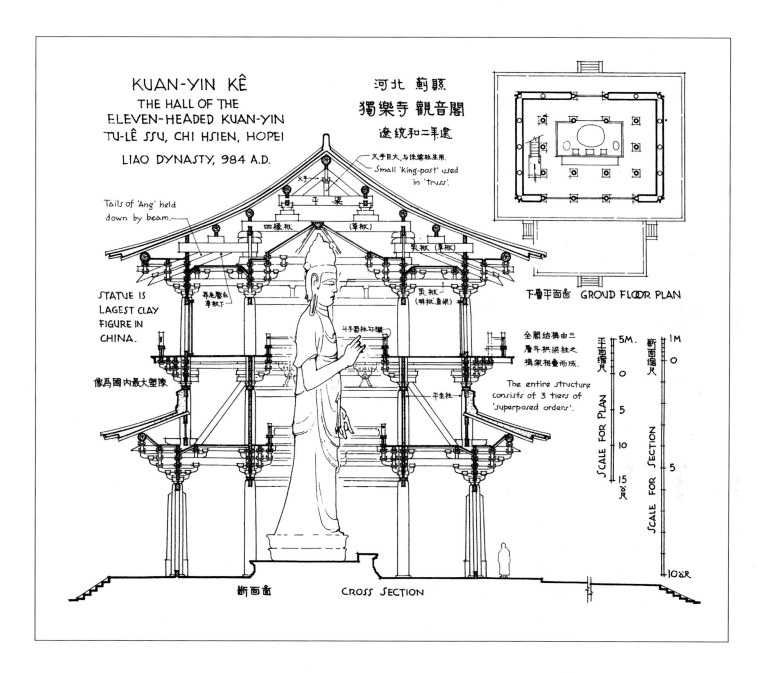

KUAN-YIN KÊ
THE HALL OF THE
ELEVEN-HEADED KUAN-YIN
TU-LÊ SSU, CHI HSIEN, HOPEI

LIAO DYNASTY, 984 A.D.

河北 薊縣
獨樂寺 觀音閣

遼統和二年建

义手巨大, 与侏儒柱并用.
Small 'king-post' used
in 'truss'.

平梁
四椽栿 (等栿)
乳栿 (草栿)

Tails of 'Ang' held
down by beam.

STATUE IS
LAGEST CLAY
FIGURE IN
CHINA.

界乱垫在
等栿下

乳栿
(明栿 盘梁)

斗子蜀柱勾栏

像爲國內最大塑像

平坐柱

The entire structure
consists of 3 tiers of
'superposed orders'.

下層平面圖　GROUND FLOOR PLAN

全閣結構由三
層斗拱梁柱之
檔架相疊而成.

断面圖　CROSS SECTION

平面縮尺
SCALE FOR PLAN

断面縮尺
SCALE FOR SECTION

5M.
0
5
10
15
尺

1M
0
5
10尺

独乐寺的山门（图 26），是一座不大的建筑物，檐下有简单的斗栱。从平面上看，这是一座典型的中国式大门。在它的长轴上有一排柱，两扇门即安装在柱上。内部结构是所谓"彻上露明造"，也就是没有天花，承托屋顶的结构构件都露在外面。山门展示了木作艺术的一个精巧实例；整个结构都是功能性的，但在外表上却极富装饰性。这种双重品质是中国建筑结构体系的最大优点所在。

在这两座建筑之后的 300 年里，即辽、宋、金三代，有三十余座木构建筑遗存至今。尽管数量不多，年代分布也不均衡，但仍可将它们顺序排成一个没有间隙的系列。其中，约有二十余座属于我们所说的豪劲时期，全部位于辽代统治的华北地区。

较独乐寺观音阁和山门稍晚的辽木构建筑，是建于 1020 年〔开泰九年〕的辽宁义县奉国寺大殿（图 27）。在这座位于关外的大殿里，其补间铺作采用和柱头铺作同样的形式，都是"双抄双下昂"，如观音阁的柱头铺作那样。其转角铺作较以往复杂，即沿角柱的两边各加了一个辅助的栌斗，也就是说，把两朵补间铺作和一朵转角铺作结合起来。这种称为附角栌斗的做法后来相当普遍，但在此早期颇属罕见（图 30i）。

河北宝坻县广济寺的三大士殿，1025 年建〔辽太平五年〕，外观非常严谨，但内部却异常优雅（图 28）。斗栱构造很简单：只有华栱。内部是彻上明造，没有天花遮掩其结构特征。这种做法使匠师有一个极好机会来表现其掌握大木作的艺术创造天才。

图 26b

正脊鸱吻细部。除用了唐、宋、辽各代常见的鳍形外，还有噬住正脊的龙头。鳍的上端内垂，为当时特征，此形在此后 50 年内有所演变，再后则大为改观（梁思成 摄于1932 年）

Detail of ridge-end ornament. To the fin shape common in the T'ang, Sung, and Liao dynasties is added a dragon's head biting the ridge with wide-open jaws. The upper tip of the fin turns inward and down, a characteristic that was modified in fifty years and later drastically changed

图 26c

平面和断面图

Plan and cross section

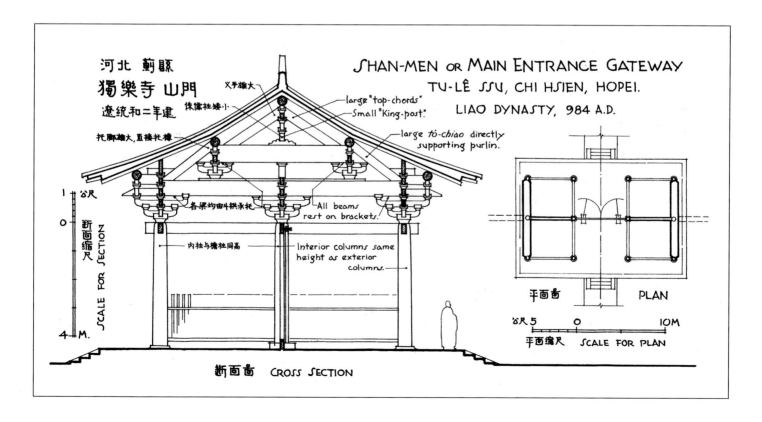

河北 蓟縣
獨樂寺 山門
遼統和二年建

SHAN-MEN OR MAIN ENTRANCE GATEWAY
TU-LÊ SSU, CHI HSIEN, HOPEI.
LIAO DYNASTY, 984 A.D.

父子雄大
large "top-chords"
侏儒柱矮小
Small "King-post."
托腳雄大，直接托槫
large tó-chiao directly supporting purlin.
各梁均由斗拱承托
All beams rest on brackets.
内柱与檐柱同高
Interior columns same height as exterior columns.

断面缩尺
SCALE FOR SECTION

断面圖 CROSS SECTION

平面圖　PLAN

平面缩尺　SCALE FOR PLAN

图 27
辽宁义县奉国寺大殿，建于 1020 年
Main Hall, Feng-kuo Ssu, I Hsien, Liaoning, 1020

图 27a
全景（梁思成任职东北大学时所征集照片。——本版次编辑者补注）
General view

图 27b
外檐斗栱阑额上之横木（普拍枋）此时开始出现，但在金代（约 1150 年）之后这种做法已很普遍（见图 38）（此系 1950 年代初补摄。——本版次编辑者补注）
Exterior tou-kung. The plate above the lintel signals the beginning of a practice that became very common after the Chin dynasty, ca.1150 (see fig.38)

图 28

河北宝坻广济寺三大士殿，建于 1025 年（已毁）

San-ta-shih Tien, Main Hall, Kuang-chi Ssu, Pao-ti, Hopei, 1025 (Destroyed)

图 28a

外观（梁思成 摄于1932 年）

Exterior view

图 28b

平面及断面图。在这座不大的辽代建筑中，外檐斗栱没有斜置的下昂；内部梁和枋都以斗栱相交结。

Plan and cross section. In this small Liao building the exterior *tou-kung* have no slanting *ang*. The ties and beams in the interior are assembled with *tou-kung* at their points of junction

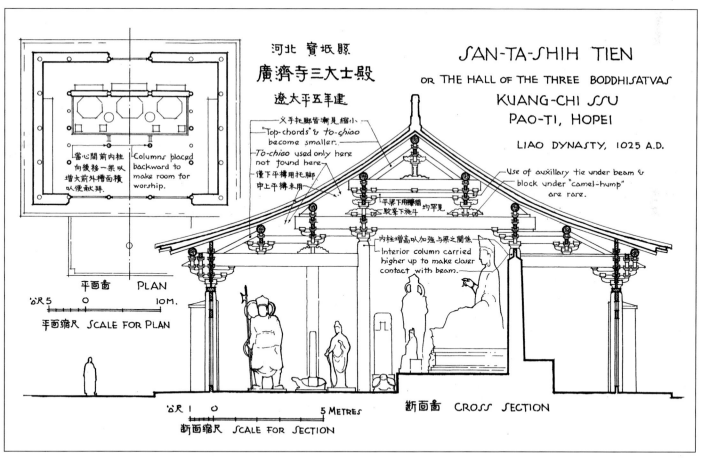

河北 寶坻縣

廣濟寺三大士殿

遼大平五年建

SAN-TA-SHIH TIEN

OR THE HALL OF THE THREE BODDHISATVAS

KUANG-CHI SSU

PAO-TI, HOPEI

LIAO DYNASTY, 1025 A.D.

當心間前內柱向後移一梁以增大前外槽面積以便獻拜。
Columns placed backward to make room for worship.

平面畫 PLAN

平面縮尺 SCALE FOR PLAN

义手托脚皆漸見縮小
"Top-chords" & to-chiao become smaller.

To-chiao used only here not found here.

僅下平槫用托脚中上平槫未用

平梁下用攀間駝峰下施斗 均罕見

Use of auxillary tie under beam & block under "camel-hump" are rare.

內柱增高以加強與梁之關係
Interior column carried higher up to make closer contact with beam.

斷面畫 CROSS SECTION

斷面縮尺 SCALE FOR SECTION

大同的两个建筑群

山西大同有两组建筑极为重要，即西门内的华严寺和南门内的善化寺。据记载，两寺都始建于唐代，但现存建筑物却不过是辽代中期遗构。

华严寺原为一大寺庙，占地甚广，但在不断的边境战争中曾遭到很大破坏，如今仅存辽、金时代建筑三座。其中的一座藏经的薄伽教藏殿（图29a–d）及其配殿〔海会殿，已毁于解放初期〕为辽代建筑，前者建于1038年〔辽重熙七年〕，后者大约也建于同一时期。〔华严寺的大殿，即今所谓"上寺"的主要建筑应属下一时期〕。

薄伽教藏殿的斗栱与观音阁相似，但内部结构为天花所遮。沿殿内两侧及后墙为藏经的壁橱，做工精致，极富建筑意味，是当时室内装修（小木作）的一个实例。其价值不仅在这里，而且还在于它是《营造法式》中所谓壁藏的一个实例。同时也可作为研究辽代建筑的一座极好模型。殿内还有一批出色的佛像和菩萨像。

配殿规模较小，为悬山顶。斗栱简单。值得注意的是，在栌斗中用了一根替木，作为华栱下面的一个附加的半栱。这种特别的做法只见于极少数辽代建筑，以后即不再见（图29e）。^{［校注三］}华严寺建筑群的另一异常的特点是朝向。与主体建筑朝南的正统做法不同，这里的主要建筑都朝东。这是契丹人的古老习俗，他们早先崇拜太阳神，认为东是四方之首。

［校注三］此图为英文本编者所加，图中"替木"一词指示线有误，与原文含义不符。原文仅指栱的下方栌斗口内那两根木料，不包括榑下面的那根。——孙增蕃校注

此"［校注三］"系书稿汉译时，孙增蕃先生征求陈明达先生的意见后，对费慰梅女士在英文书稿编辑过程中的一处讹误（图29e）的指正。——本版次编辑者补注

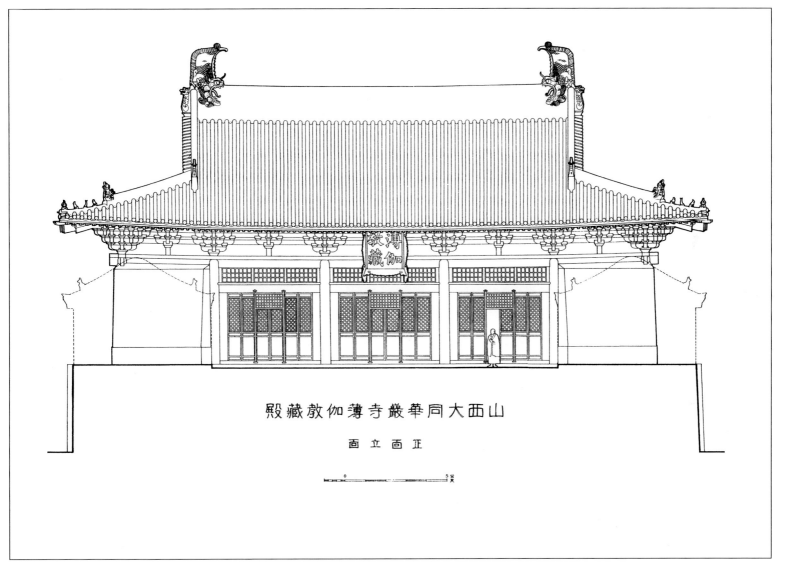

殿藏教伽薄寺嚴華同大西山

正立面

图 29

山西大同华严寺薄伽教藏殿

Library, Hua-yen Ssu, Tat'ung, Shansi, 1038

图 29a

正立面图

Front elevation

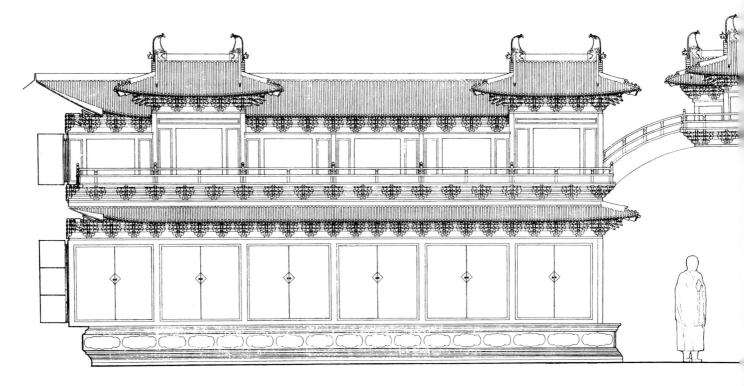

藏壁殿藏教佛

民國廿二年九四月製實測圖

图 29b
西立面图
Elevation of interior wall sutra cabinet

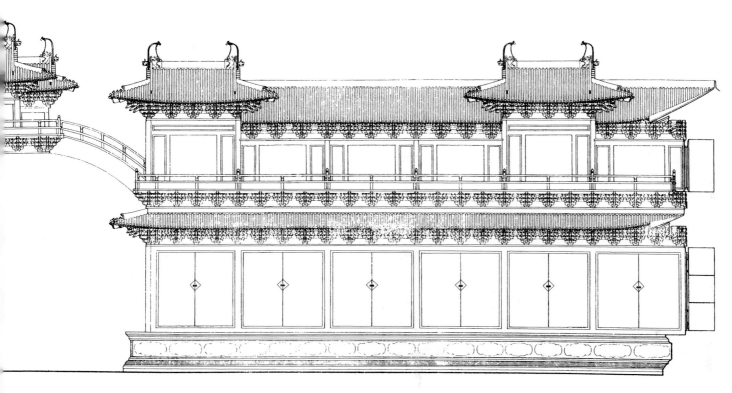

后華同大西山

西

图 29c
壁藏圜桥细部
Detail of cabinetwork, arched bridge

图 29d
壁藏细部（这是所见最早的斜向华栱实例）
Detail of cabinetwork, showing diagonal *hua-kung*, one of the earliest appearances of this architectural form

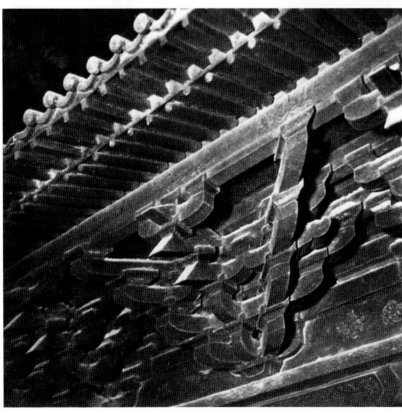

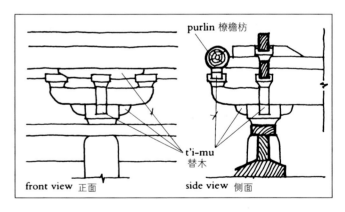

图 29e
配殿斗栱中替木（此图两处×号，是陈明达先生手批，指正英文编者的讹误。——本版次编辑者补注）
T'i-mu in the Library Side Hall brackets

善化寺是大部分保存了原来布局的一个建筑群（图 30a，b）。从现存情况来看，原建筑群包括一条主轴线和两条横轴线上的七座殿。整群建筑原先四周有长廊围绕。但现在已毁，仅存基石。七座殿中只有两院一侧的一座阁被毁，其余六座仍是辽金时代原物。各殿之间的走廊及僧房已不存。

六座建筑中，大雄宝殿及普贤阁属豪劲时期，大殿（图 30c–e）下有高阶基，广七间，两侧各有一朵殿，三殿都朝南。朵殿的设置是一种早期传统，后来已很罕见。斗栱较简单，但有一个重要特点，即在当中三间的补间铺作上使用了斜栱。这一做法曾见于华严寺薄伽教藏殿壁藏（图 29b），后来在金代曾风行一时。在土墼墙内，用了横置的木骨来加固，有效地防止了竖向开裂。这种办法还曾见于 13–14 世纪的某些建筑，但并不普遍。

普贤阁（图 30f–h）有两层，规模很小，结构上与独乐寺观音阁基本相同，也使用了斜栱。

以上两座建筑为辽代遗物，确切年代已不可考，但从形制特征上看似应属 11 世纪中叶。善化寺前殿〔三圣殿〕及山门属于下一时期，我们将在下文中加以讨论。

图 30
山西大同善化寺，建于辽金时期约 1060 年
Shan-hua Ssu, Ta-t'ung, Shansi, Liao and Chin

图 30a
全景
General view

图30b

总平面图。这是大多数中国佛教、道教寺观的典型布局。大殿位于中轴线上，较小的殿和配殿则在横轴线上。各殿以廊相接，形成一进进的长方形庭院。

Site plan. This plan is typical of most Chinese temples, Buddhist or Taoist. The main hall or halls are placed on the central axi, minor halls or subsidiary buildings on transverse axes. The buildings are usually connected by galleries and form a series of rectangular courtyards.

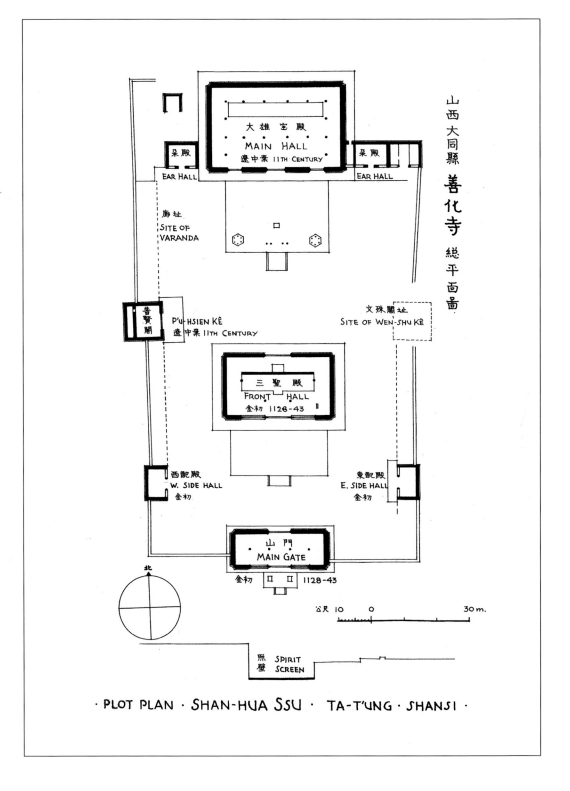

· PLOT PLAN · SHAN-HUA SSU · TA-T'UNG · SHANSI ·

图 30c
大殿立面渲染图
Main Hall. ca.1060, rendering

图 30d
大殿内梁架即斗栱
Main Hall, roof frame

图 30e
大殿平面及断面图
Main Hall, plan and cross section

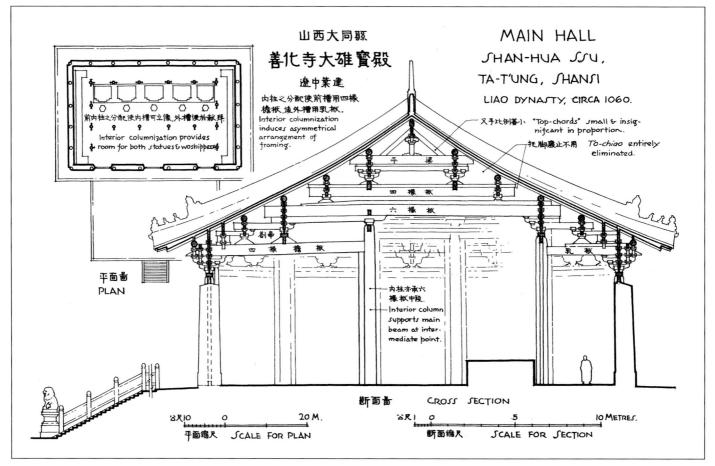

山西大同县
善化寺大雄寶殿
遼中葉建

内柱之分配使前槽用四椽
檐栿,後外槽用乳栿.
Interior columnization
induces asymmetrical
arrangement of
framing.

前内柱之分配使内槽可立像 外槽便於献拜
Interior columnization provides
room for both statues & woshippers.

MAIN HALL
SHAN-HUA SSU,
TA-T'UNG, SHANSI
LIAO DYNASTY, CIRCA 1060.

又手比例甚小 "Top-chords" small & insig-
nificant in proportion.

托脚廢止不用 Tō-chiao entirely
eliminated.

平梁

四椽栿

六椽栿

劄牵

四椽檐栿

乳栿

内柱亦承六
椽栿中段.
Interior column
supports main
beam at inter-
mediate point.

平面畵
PLAN

断面畵   CROSS SECTION

公尺10   0   20 M.
平面缩尺   SCALE FOR PLAN

公尺1 0   5   10 METRES.
断面缩尺   SCALE FOR SECTION

图 30f
善化寺普贤阁
P'u-hsien Ke (Hall of Samantab hadra),
ca.1060

图 30g
普贤阁立面渲染图
P'u-hsien Ke, rendering

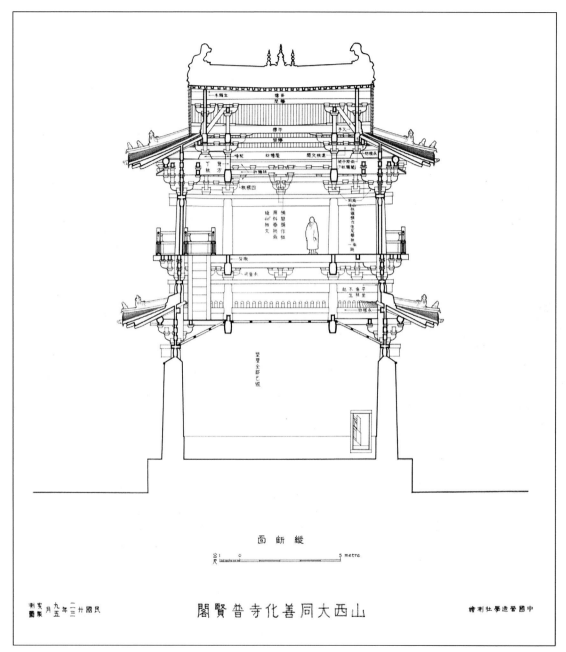

縱斷面

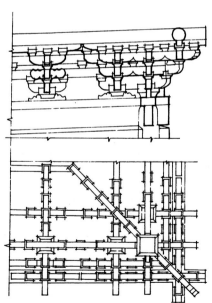

图 30h
普贤阁断面图
P'u-hsien Ke, cross section

图 30i
转角铺作加附角栌斗的平面及立面图
Plan and section of a *fu-chiao lu-tou*
(corner set with adjoining lu-tou)
[h, i 两图为后来新加，不在英文原稿
之内。——费慰梅注]

佛宫寺木塔

山西应县佛宫寺〔释迦〕木塔（图 31）可被看作豪劲时期建筑的一个辉煌的尾声。塔建于 1056 年〔辽清宁二年〕，可能是该时代的一种常见形制，因为在当年属辽统治地区的河北、热河、辽宁诸省（见地图），还可见到少数仿此形制的砖塔。

塔的平面为八角形，有内外两周柱，五层全部木构。其结构的基本原则与独乐寺观音阁相近：除第一层外，其上四层之下都有平坐，实际上是九层结构叠架在一起。第一层周围檐柱之外，更加以单坡屋顶〔"周匝副阶"〕，造成重檐效果。最高一层的八角攒尖顶冠以铁刹，自地平至刹端高 183 英尺〔原文有误，应为 220 英尺，约 67 米〕，整座建筑共有不同组合形式的斗栱 56 种，我们在上文中提到过的所有各种都包括在内了。对于研究中国建筑的学生来说，这真是一套最好的标本。

图 31
山西应县佛宫寺木塔，建于 1056 年
Wooden Pagoda, Fo-kung Ssu, Ying
Hsien, Shansi, 1056

图 31a
底层斗栱 八角形平面所要求的钝角转角斗栱在做法上与直角转角斗栱同理，下跳华栱没有做成圆形〔卷杀〕，是一孤例。〔图中人像即为本书绘制了大部分图版的莫宗江教授。——译注〕
（梁思成 摄）
Tou-kung of ground story. The corner set on the obtuse angles necessitated by the octagonal plan is handled on the same principles as the 90-degree-angle corner set. The unrounded end of the lower *hua-kung* is unique.

图 31b
全景（陈明达等于 1961 年考察时
补摄）
General view

山西應縣佛宮寺遼釋迦木塔

中國營造學社測繪 · 民國廿三年九月實測 · 廿四年六月繪圖

图 31d

断面图。叠置的各层檐柱逐层内缩，
使全塔略呈锥形，但除最高一层外，
其全部内柱都置于同一垂直线上。最
下面两层的外檐由双抄双下昂的斗栱
承托，上面三层及所有平座的斗栱出
跳则只用华栱。

Section. The exterior superposed orders
are set back slightly on each floor so
that the building tapers from base to
top, but except for the top floor the
inside columns are carried up in a
continuous line. The eaves of the two
lower stories are supported by *tou-kung*
with two tiers of *hua-kung* and two tiers
of *ang*; the three upper stories and all
the balconies use *hua-kung* only.

東西斷面圖

山西應縣佛宮寺遼釋迦木塔

中國營造學社測繪　民國廿三年九月實測　廿四年六月製圖

醇和时期（约公元 1000—1400 年）

宋初建筑的特征

当辽代的契丹人尚在恪守唐代严谨遗风的时候，宋朝的建筑家们却已创出了一种以典雅优美为其特征的新格调。这一时期前后延续了约 400 年。

在风格的演变中最引人注目的，就是斗栱规格的逐渐缩小，到 1400 年前后已从柱高的约三分之一缩至约四分之一（图 32）。补间铺作的规格却相对地越来越大，组合越来越复杂，最后，不仅其形制已和柱头铺作完全相同，而且由于采用了斜栱，其复杂程度甚至有过之而无不及。这种补间铺作，由于上不承梁，下不落柱而增加了阑额的负担。据《营造法式》及某些实例，当心间用两朵补间铺作。在补间铺作用下昂的情况下，由于昂尾向上斜伸，使结构问题更加复杂。在柱头铺作中，昂尾压在梁头之下，以固定其位置；而在补间铺作中，却巧妙地成为上面的槫在梁架之间的支托。昂的设置使建筑家有了一个施展才华的大好机会，得以构造出种种不同的，极其有趣的铺作，但其结构功能从未被忽视。铺作的设置总是在支承整座建筑中各司其职，罕有不起作用或纯粹为了装饰的。

在建筑内部，柱的布置方式常根据建筑物的用途而加以调整，如留出地位来放置佛像，容纳朝拜者，等等。当内柱减少时，则不仅平面布置，而且梁架也会受到影响（下文中将讨论这种情况的几个实例）。除了柱的这种不规则布置以外，常加高内柱，以直接支承上面的梁。但在任何两个横竖构件相交的地方，总要用一组简单的斗栱来过渡。

在有天花的建筑物中，天花以上的梁架各构件的表面一般不加工或刨整。但在彻上露明造的殿堂中，却显示出各种梁枋、斗栱、昂尾等错综复杂，彼此倚靠的情形。其配置的艺术正是这一时期匠师们之所长。

图 32

历代斗栱演变图
Evolution of the Chinese "order"

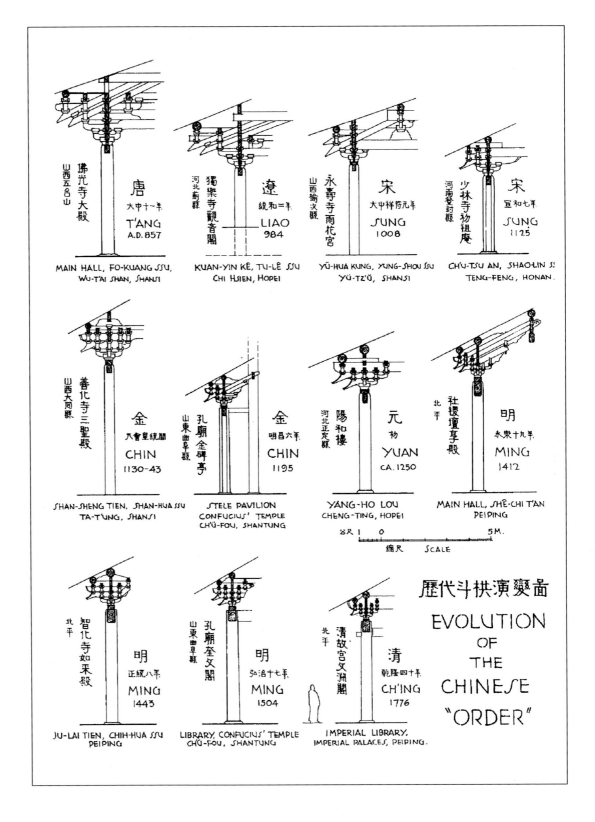

佛光寺大殿 山西五臺山
唐 大中十一年 T'ANG A.D. 857
MAIN HALL, FO-KUANG SSU, WU-T'AI SHAN, SHANSI

獨樂寺觀音閣 河北薊縣
遼 統和二年 LIAO 984
KUAN-YIN KÊ, TU-LÊ SSU CHI HSIEN, HOPEI

永壽寺雨花宮 山西榆次縣
宋 大中祥符元年 SUNG 1008
YÜ-HUA KUNG, YUNG-SHOU SSU YÜ-TZ'Ü, SHANSI

少林寺初祖庵 河南登封縣
宋 宣和七年 SUNG 1125
CH'U-TSU AN, SHAO-LIN SS TENG-FENG, HONAN.

善化寺三聖閣 山西大同縣
金 八會皇統間 CHIN 1130-43
SHAN-SHENG TIEN, SHAN-HUA SSU TA-T'UNG, SHANSI

孔廟金碑亭 山東曲阜縣
金 明昌六年 CHIN 1195
STELE PAVILION CONFUCIUS' TEMPLE CH'Ü-FOU, SHANTUNG

陽和樓 河北正定縣
元 初 YUAN CA. 1250
YANG-HO LOU CHENG-TING, HOPEI

社稷壇享殿 北平
明 永樂十九年 MING 1412
MAIN HALL, SHÊ-CHI T'AN PEIPING

公尺 1 0 5M.
縮尺 SCALE

智化寺如來殿 北平
明 正統八年 MING 1443
JU-LAI TIEN, CHIH-HUA SSU PEIPING

孔廟奎文閣 山東曲阜縣
明 弘治十七年 MING 1504
LIBRARY, CONFUCIUS' TEMPLE CH'Ü-FOU, SHANTUNG

清故宮文淵閣 北平
清 乾隆四十年 CH'ING 1776
IMPERIAL LIBRARY, IMPERIAL PALACES, PEIPING.

歷代斗栱演變圖
EVOLUTION OF THE CHINESE "ORDER"

一处先驱者：雨华宫

山西榆次县附近的永寿寺中的小殿雨华宫，是一座以熟练的手法将醇和与豪劲两种风格融合为一的建筑物（图33）。按其年代之早（1008年）〔宋大中祥符元年〕，它本应属于前一时期，但后来宋、元时代建筑的那种柔美特征，在此已见端倪。它是集两个时期的特征于一身的一个过渡型实例。

这座建筑既不宏伟，又已破败，因而乍看起来并不吸引人，但它那种令人愉快的美却逃不过内行的眼睛。斗栱极其简单，单抄单下昂，耍头作成昂嘴形，斜置，使之看上去像是双下昂。斗栱在比例上较大，略小于柱高的三分之一，因此补间铺作事实上就被取消了。

内部梁架为彻上露明造，包括昂尾在内的各个露明构件都如此简洁地结合在一起，看得出是遵循着严密逻辑而得出的必然结果。

图33

山西榆次附近永寿寺雨华宫，建于 1008年〔已毁〕
Yu-hua Kung, Yung-shou Ssu, near Yu-tz'u, Shansi, 1008 (Destroyed)

图33a

全景
General view

图33b

外廊上部构架
Framing over porch

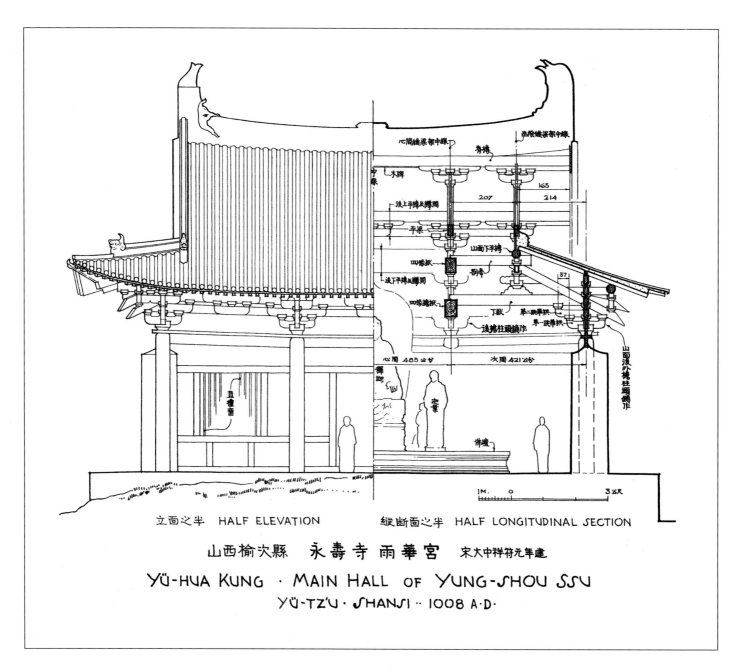

立面之半 HALF ELEVATION   縱斷面之半 HALF LONGITUDINAL SECTION

山西榆次縣　永壽寺雨華宮　宋大中祥符元年建
YÜ-HUA KUNG · MAIN HALL OF YUNG-SHOU SSU
YÜ-TZ'U · SHANSI ·· 1008 A·D·

图33c
永寿寺雨华宫半立面及半纵断面图
Elevation are longitudinal section

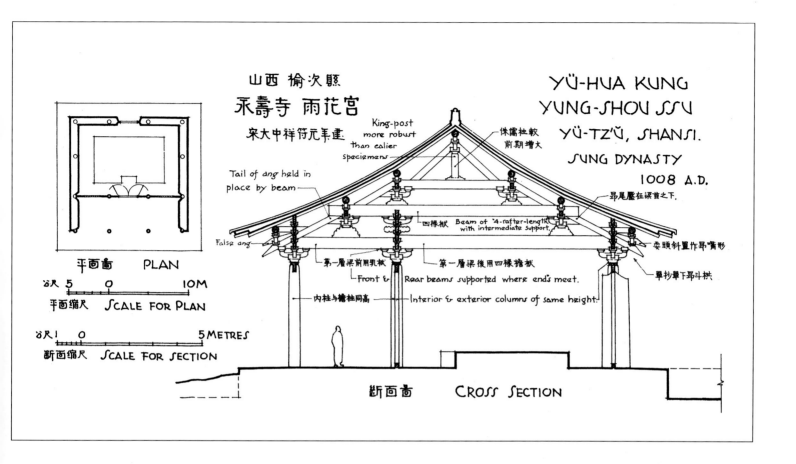

山西 榆次縣
永壽寺 雨花宮
宋大中祥符元年建

YÜ-HUA KUNG
YUNG-SHOU SSU
YÜ-TZ'Ŭ, SHANSI.
SUNG DYNASTY
1008 A.D.

King-post more robust than earlier specimens

侏儒柱較前期增大

Tail of ang held in place by beam

昂尾壓柱梁首之下.

False ang

四椽栿
Beam of '4-rafter-length' with intermediate support.

委頭斜置作昂嘴形

第一層梁前用乳栿
Front &

第一層梁後用四椽襻栿
Rear beams supported where ends meet.

單抄單下昂斗拱

内柱與檐柱同高
Interior & exterior columns of same height.

平面圖 PLAN
吔尺 5 0 10M
平面缩尺 SCALE FOR PLAN

吔尺 1 0 5METRES
断面缩尺 SCALE FOR SECTION

断面圖 CROSS SECTION

图 33d
永寿寺雨华宫平面及断面图
Plan and cross section

正定的一组建筑

图 34

河北正定隆兴寺
Lung-hsing Ssu, Cheng-ting, Hopei

图 34a

摩尼殿平面图
Plan of Mo-ni Tien

七間大殿,平面近正方形,
四面出抱廈,出際向前,
為實物中罕見珍例。

7-bay hall, nearly square
in plan, with gabled porches
on 4 sides is rare example.

宋(太宗初年?)遺

JUNG DYNASTY
(CIRCA 1030?)

宋尺 10　5　0　　　10　　　20 METRES

河北正定縣龍興寺摩尼殿平面

河北正定县的隆兴寺，保存了一批早期的宋代建筑物。寺的山门尽管保存得还不错，却是 18 世纪〔清乾隆时期〕重修后的混合物，一些按清式的小斗栱竟被生硬地塞进巨大的宋代斗栱原物之间，显得不伦不类。

寺的大殿名为摩尼殿（图 34a，b），殿平面近正方形，重檐。四面各出抱厦，抱厦屋顶以山墙朝向正面〔"出际"向前〕。这种做法常可见于古代绘画，但实物却很难得。斗栱大而敦实，虽然每间只用补间铺作一朵，但有辽代惯用的斜栱。檐柱明显地向屋角渐次加高，给人以一种和缓感。

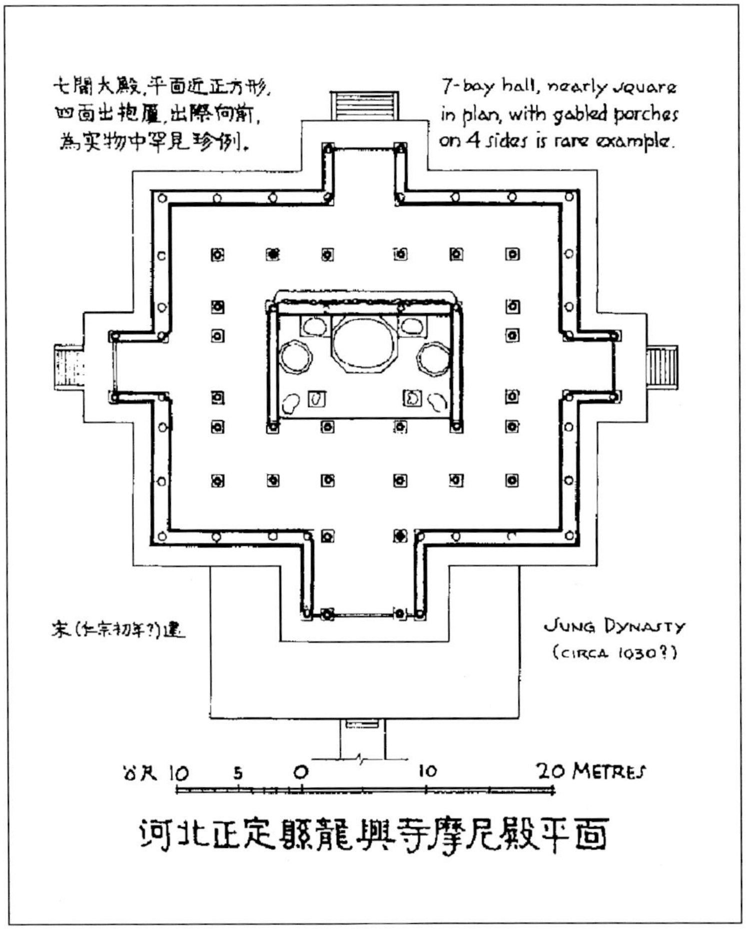

转轮藏殿是一座为了安置转轮藏而建造的殿（图 34c–g）。殿中对内柱的位置作了改动，为转轮藏让出了空间。而这又影响到上层彻上露明造的梁架结构，其中众多的构件巧妙地结合为一体，犹如一首演奏得极好的交响曲，其中每个乐部都准确而及时地出现，真正达到了完美、和谐的境地。

转轮藏是一个中有立轴的八角形旋转书架，为此类构造中一个罕见的实例。它的外形如一座重檐亭子，建筑构件的处理极为精致。下檐八角形，上檐圆形，两檐都采用了复杂的斗栱。由于这项小木作严格遵循了《营造法式》中的规定，所以是宋代构造的一个极有价值的实例。遗憾的是，当笔者于 1933 年最后一次见到时，该寺正被当作兵营使用，而它在士兵们野蛮的糟害之下，已经破败不堪了。

图 34b

摩尼殿，建于宋初，约 1030 年（？）（1978 年该殿大修时多处发现墨迹题记，证明系建于北宋皇祐四年，即 1052 年。——此系孙增蕃据陈明达意见所加补注。另外，此照片亦是 1980 年代初补摄。——本版次编辑者注）

Mo-ni Tien, Main Hall, early Sung, ca.1030 (?)

图 34c

转轮藏殿，建于宋初，约 960—1126 年

Library, Chuan-lun-tsang Tien (The Hall of the revolving Bookcase), early Sung, ca.960—1126

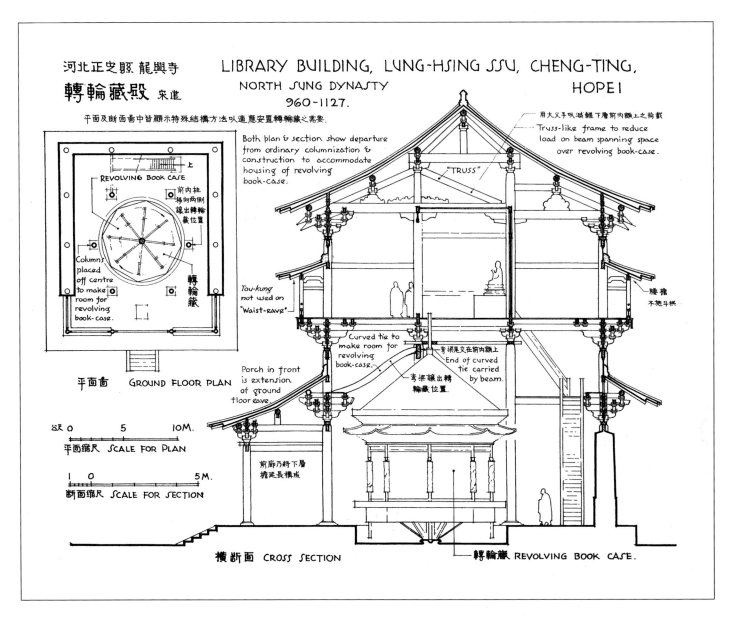

LIBRARY BUILDING, LUNG-HSING SSU, CHENG-TING,
NORTH SUNG DYNASTY
960-1127.
HOPEI

轉輪藏殿 宋建

平面及斷面畫中皆顯示特殊結構方法以適應安置轉輪藏之需要.

Both plan & section show departure
from ordinary columnization &
construction to accommodate
housing of revolving
book-case.

用大义手以減輕下層前内額上之荷載
Truss-like frame to reduce
load on beam spanning space
over revolving book-case.

"TRUSS"

REVOLVING BOOK CASE

前内柱
移向两侧
讓出轉輪
藏位置

腰檐
不施斗栱

Columns
placed
off centre
to make
room for
revolving
book-case.

轉
輪
藏

Tou-kung
not used on
"Waist-eave"

Curved tie to
make room for
revolving
book-case.

弯梁是交在前内額上
End of curved
tie carried
by beam.

Porch in front
is extension
of ground
floor eave.

弯梁讓出轉
輪藏位置.

平面画 GROUND FLOOR PLAN

公尺 0   5   10M.

平面缩尺 SCALE FOR PLAN

1   0   5M.

断面缩尺 SCALE FOR SECTION

前廊乃將下層
檐延長構成

横断面 CROSS SECTION

轉輪藏 REVOLVING BOOK CASE.

图 34d

转轮藏殿平面及断面图。由于两根前内柱移向两侧以让出转轮藏位置，而使上层结构发生问题，即上层中央的前由柱落在一根梁上。为了减轻下层前内额上的荷载，在梁架上用了大叉手（弯梁）。注意图中左方的叉手实为昂尾的延伸。

Library, plan and cross section. Two interior columns are placed out of line to accommodate the revolving cabinet. This irregularity created a structural problem for the floor above, where the central column stands on a girder. The solution was the introduction of a large truss with chords to divert the load of the beam above to the columns at front and rear. Note that the left chord is the extension of the tail of the *ang*.

图 34e

转轮藏殿屋顶下结构（注意其对结构构件的具有特色的艺术处理）

Library, the large truss under the roof. Note the characteristic decorative treatment of the structural members

图 34f

转轮藏殿内部转角铺作

Library, interior corner *tou-kung*

图 34g

转轮藏

Library, the revolving sutra cabinet

晋祠建筑群

山西太原近郊晋祠中的圣母殿（图 35），是另一组重要的宋代早期建筑，包括一座重檐正殿；殿前为一座桥〔飞梁〕，桥下是一个长方形的水池〔鱼沼〕；再往前是一座献殿和一座牌楼；再前是一个平台，上有四尊铁铸太尉像〔金人台〕。桥和两座殿都建于宋天圣年间（1023—1031 年）。除彩画外，全组建筑保存完好，虽经历代修缮，却基本未损原貌。

隆兴寺和晋祠建筑的斗栱在其昂嘴形制上还有一个突出的特色（图 36）。在这以前的建筑中，昂嘴都是一个简单的斜面，截面呈长方形。斜面与底面形成约 25 度夹角。这在《营造法式》中被称为"批竹昂"。但在这两组建筑中，斜面部分的上方却略为隆起，使其横截面上部呈半圆形，称为"琴面昂"。第三种做法是使斜面下凹，但横截面上部仍然隆起，其形状犹如一管状圆环之内侧。自《营造法式》时代直到后来，这第三种做法已成定制，只是横截面上部的隆起已简化为将斜面两侧棱角削去而已。在这两组建筑中所有昂都取第二种做法。这种做法只见于 11 世纪早期，或许还有 10 世纪晚期的宋代建筑中。因为自《营造法式》刊布（1103 年）之后，第三种做法已成为标准形制。我们只在隆兴寺的摩尼殿和转轮藏殿以及佛光寺的文殊殿中见到过这第二种做法，这表明它们大体上属于同一时期。〔此段英文原文有误，图 36 的图注亦有误。现根据梁思成原始手稿订正译出。图 36 右为批竹昂，左应是第三种做法的昂，不是文中所指的琴面昂。〕[1]

这一短时期建筑的另一特点，是将要头做成与昂嘴完全一样的形状（图 37）。在早期建筑中，要头或是方形的，或是一个简单的批竹形；后来则做成夔龙头形或蚂蚱头形。把要头完全做成昂状，并与昂取同一角度，使人产生双下昂的印象，这种做法仅见于 11 世纪的建筑物。

谈到这里，我们还应提到普拍枋。这是直接置于阑额之上的一根横木（图 38）。它与阑额相叠，形成 T 字形的截面。这种做法最早见于山西榆次的雨华宫，在正定和晋祠的建筑中也可见到。但在早期建筑中，这种做法比较少见。即使按《营造法式》规定，这种做法也只用于平坐。但到了

---

[1] 〔〕内的补注文字，系汉译过程中，孙增蕃先生据陈明达先生意见所加。——本版次编辑者补注

金、南宋以后（约 1150 年），普拍枋已普遍用于所有建筑，阑额上不置枋者反倒成了例外。

晋祠建筑的斗栱上另一个新东西是所谓假昂。即把平置的华栱的外端斫作昂嘴形状。这样，虽然没有采用斜置的下昂，却获得了昂嘴的装饰效果。华栱成了一个附加装饰品，这是一种退化的标志。这种做法最终成了明、清的定制。然而，在这样早的时期见到它，确是一种不祥之兆，预示着后来在结构上脱离朴实性的趋向。

图 35
山西太原近郊晋祠圣母殿，建于宋初，约 1030 年
Sheng Mu Miao (Temple of the Saintly Mother), Chin-tz'u, near Taiyuan, Shansi, early Sung, ca.1030

图 35a
大殿全景（此照片为 1950 年代所摄）
Main Hall, general view

图 35b
大殿正面细部图中可见斗栱及昂（此照片为 1950 年代所摄）
Main Hall, detail of facade, showing tou-kung and ang

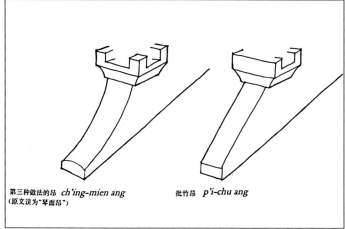

图 35c

大殿前廊内景（前景中立者为莫宗江先生——本版次编辑者补注）

Main Hall, interior of porch

图 35d

献殿

Front Hall

图 36

昂嘴的演变

Changes in shape of beak of the *ang*

图 37

历代耍头（梁头）演变图
Evolution of the *shua t'ou* (head
of the beam)

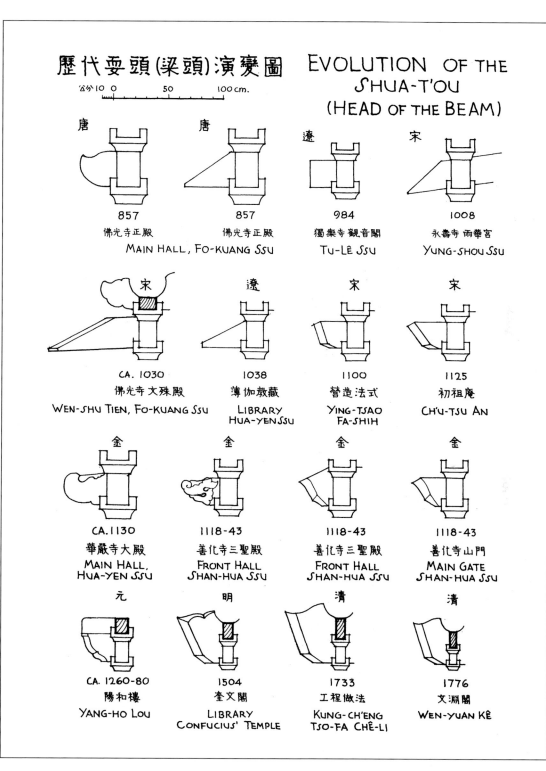

歷代耍頭(梁頭)演變圖　EVOLUTION OF THE SHUA-T'OU (HEAD OF THE BEAM)

公分 10　0　50　100 cm.

唐 — 857
佛光寺正殿
MAIN HALL, FO-KUANG SSU

唐 — 857
佛光寺正殿
MAIN HALL, FO-KUANG SSU

遼 — 984
獨樂寺觀音閣
TU-LÊ SSU

宋 — 1008
永壽寺 雨華宮
YUNG-SHOU SSU

宋 — CA. 1030
佛光寺 文殊殿
WEN-SHU TIEN, FO-KUANG SSU

遼 — 1038
薄伽教藏
LIBRARY HUA-YEN SSU

宋 — 1100
營造法式
YING-TSAO FA-SHIH

宋 — 1125
初祖庵
CH'U-TSU AN

金 — CA. 1130
華嚴寺大殿
MAIN HALL, HUA-YEN SSU

金 — 1118-43
善化寺三聖殿
FRONT HALL SHAN-HUA SSU

金 — 1118-43
善化寺三聖殿
FRONT HALL SHAN-HUA SSU

金 — 1118-43
善化寺山門
MAIN GATE SHAN-HUA SSU

元 — CA. 1260-80
陽和樓
YANG-HO LOU

明 — 1504
奎文閣
LIBRARY CONFUCIUS' TEMPLE

清 — 1733
工程做法
KUNG-CH'ENG TSO-FA CHÊ-LI

清 — 1776
文淵閣
WEN-YUAN KÊ

图 38
历代阑额普拍枋演变图
Evolution of the *lan-e* and *p'u-p'ai fang*

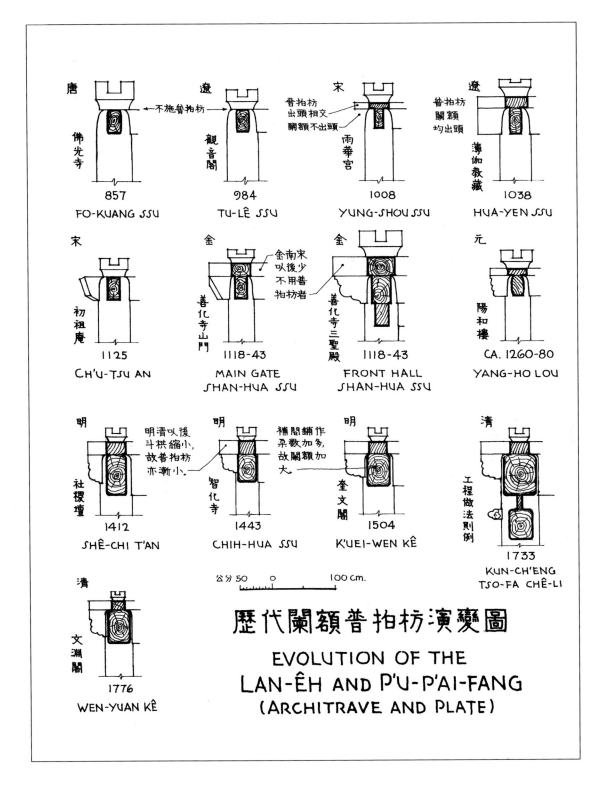

EVOLUTION OF THE
LAN-ÊH AND P'U-P'AI-FANG
(ARCHITRAVE AND PLATE)

一座独特的建筑——文殊殿

佛光寺唐代大殿的配殿文殊殿，是一栋面广七间悬山顶的殿，貌不惊人（图 39）。其斗栱做法与隆兴寺、晋祠相似。然而，其内部构架却是个有趣的孤例。由于它那特殊的构架，其后部仅在当心间用了两根内柱，致使其左、右柱的间距横跨三间，长度竟达 46 英尺〔约 14 米〕，中到中。这样大的跨度是任何普通尺寸的木料都达不到的，于是便采用了一个类似于现代双柱式桁架的复合构架。从结构的角度来看，它不是一个真正的桁架，并没有起到其设计者所预期的作用，以致后世不得不加立辅助的支柱。

图 39
佛光寺文殊殿
Wen-shu Tien (Hall of Manjusri),
Fo-kuang Ssu

图 39a
全景
General view

图 39b
内景
Interior, showing "queen-post" truss

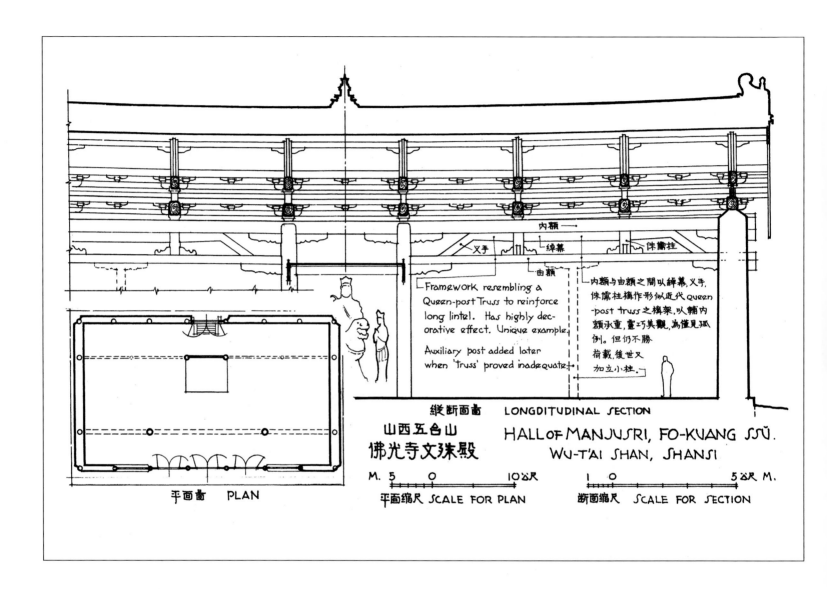

Framework resembling a
Queen-post Truss to reinforce
long lintel. Has highly dec-
orative effect. Unique example.

Auxiliary post added later
when 'truss' proved inadequate.

内额

义手   绰幕

          侏儒柱

由额

内额与由额之間以绰幕义手,
侏儒柱構作形似近代Queen-
post truss之構架,以輔内
额承重,靈巧美觀,為僅見孤
例。但仍不勝
荷載,後世又
加立小柱。

縱斷面晝 LONGDITUDINAL SECTION

山西五台山
佛光寺文殊殿

HALL OF MANJUSRI, FO-KUANG SSŬ.
WU-T'AI SHAN, SHANSI

平面晝 PLAN

M. 5 0   10公尺

平面縮尺 SCALE FOR PLAN

1 0   5公尺 M.

斷面縮尺 SCALE FOR SECTION

图 39c
平面及纵断面图
Plan and longitudinal section

《营造法式》时代遗例

在现存的宋代建筑中，其建造年代与《营造法式》最接近的是一座很小的殿——河南嵩山少林寺的初祖庵（图 40）。殿为方形，三间。其石柱为八角形，其中一柱刻有宋宣和七年字样（1125年），距《营造法式》刊布仅 22 年。其总体结构相当严格地依照了《营造法式》的规定，其斗栱更是完全遵循了有关则例。有一个次要的地方也反映了宋代建筑的特征，即踏道侧面的三角形象眼，其厚度逐层递减，恰如《营造法式》所规定的那样。

由此往北，为当时金人统治地区，其中也有几座约略建于这一时期的建筑。如山西应县净土寺大殿（图 41），建于 1124 年〔金天会二年〕，距《营造法式》的刊行时间比初祖庵还要近一年。尽管有政治上和地理上的阻隔，这座建筑的整体比例却相当严格地遵守了宋代的规定。其藻井采取了《营造法式》中天宫楼阁的做法，是一件了不起的小木作装修技术杰作。

山西大同善化寺的三圣殿和山门（图 42）建于 1128—1143 年〔金天会六年至皇统三年间〕，也在当时金人统治地区。三圣殿的补间铺作也和较早的隆兴寺摩尼殿、应县木塔等处一样，使用了斜栱，但却已演变为一堆错综复杂的庞然大物，成了压在阑额上的一个沉重负担。阑额上的普拍枋也较早先的几例更厚。殿的内部是彻上露明造，其斗栱的使用颇具实效。

善化寺山门在同类建筑中可能是最为夸张的一个（图 43）。这个五间的山门显然比某些小寺的正殿还要大。其斗栱较简单，未用斜栱。这里使用了当时北方已很少见的月梁。

南宋王朝与金同时。目前所知，在南方这一时期的木构建筑唯一留存至今的，是江苏苏州道教建筑玄妙观的三清殿[校注四]。虽然它建于 1179 年〔南宋淳熙六年〕，距《营造法式》刊出年代不过 70 来年，却已把当时那种豪劲风格丧失了许多。与和它同时甚至更晚的北方建筑比起来，它显得过分雕琢，特别值得注意的是，斗栱与整座建筑的比例变小了。

[校注四] 新中国成立后发现尚有福州华林寺大殿，建于五代钱弘俶十八年（964 年）及余姚保国寺大殿，建于宋大中祥符六年（1013 年）。——孙增蕃校注

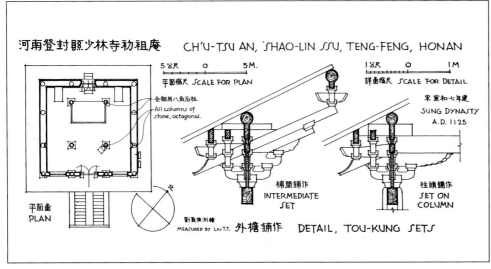

河南登封縣少林寺初祖庵 CH'U-TSU AN, SHAO-LIN SSU, TENG-FENG, HONAN

5公尺 0 5M.
平面編尺 SCALE FOR PLAN

1公尺 0 1M.
詳圖編尺 SCALE FOR DETAIL

全部用八角石柱
All columns of stone, octagonal.

宋宣和七年建
SUNG DYNASTY
A.D. 1125

平面圖
PLAN

劉敦楨測繪
MEASURED BY LIU T.T.

外檐鋪作 DETAIL, TOU-KUNG SETS

補間鋪作
INTERMEDIATE
SET

柱頭鋪作
SET ON
COLUMN

图 40
河南登封县少林寺初祖庵，建于 1125 年
Ch'u-tsu An, Shao-lin Ssu, Sung Shan, Teng-feng, Honan, 1125

图 40a
全景（前景中坐于门槛者为陈明达先生。刘敦桢摄于 1936 年——本版次编辑者补注）
General view

图 40b
正面细部（陈明达摄于 1936 年）
Detail of facade

图 40c
平面图补间铺作及柱头铺作
Plan, and intermediate and column tou-kung

图 41
山西应县净土寺大殿，建于 1124 年
Main Hall, Ching-t'u Ssu, Ying Hsien,
Shansi, 1124

图 41a
正面
Facade

图 41b
藻井
Ceiling

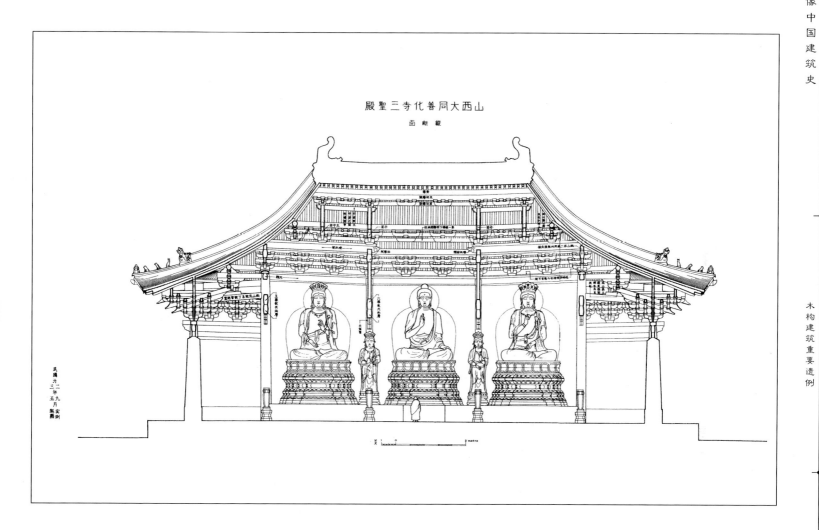

图 42c

纵断面图

longitudinal section

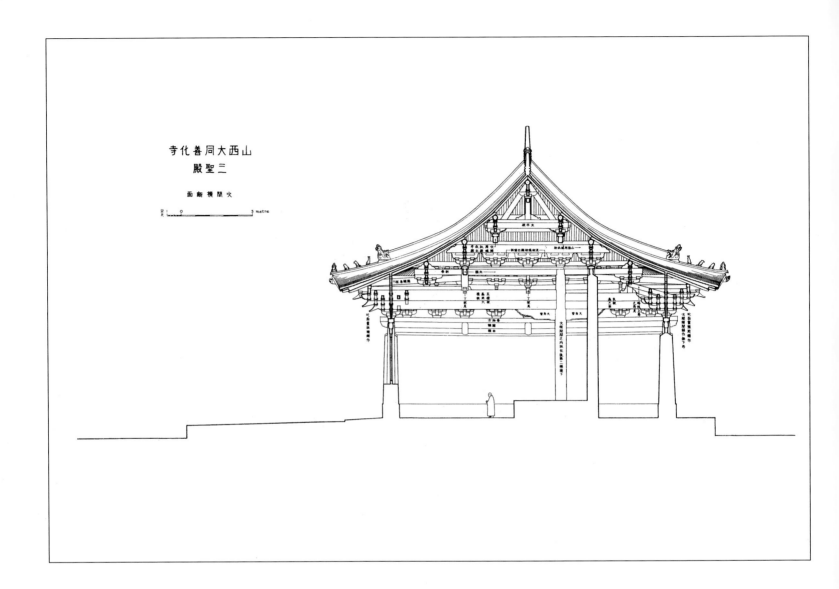

山西大同善化寺
三聖殿

次間橫斷面圖

次間橫斷面圖

图 42d
次间横断面图
Cross section

图 42e

平面及梁架平面图

Plan and roof framing

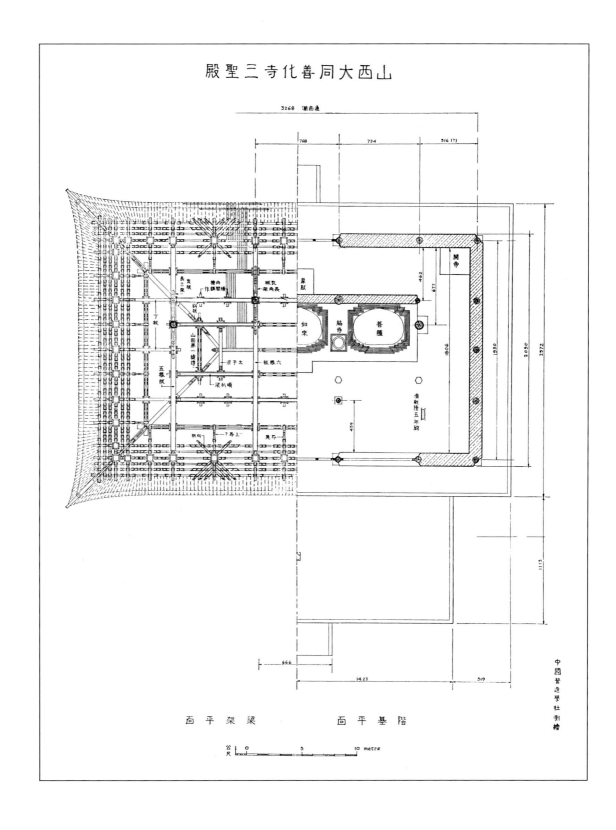

山西大同善化寺三圣殿

百平架梁   百平基階

中國營造學社製繪

图 43
善化寺山门，建于 1128—1143 年
Shan-men, Main Gate, Shan-hua Ssu, 1128—1143

图 43a
全景
General view

图 43b
平面及断面图
Plan and cross section

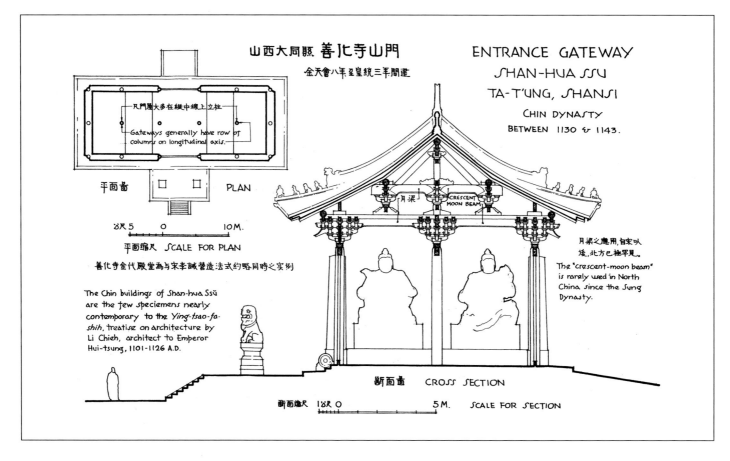

山西大同县 善化寺山门

金天會八年至皇統三年間建

凡門屋大多在縱中線上立柱
Gateways generally have row of columns on longitudinal axis.

平面圖 PLAN

8尺 5 0 10M.

平面縮尺 SCALE FOR PLAN

善化寺金代殿堂為与宋李誡營造法式約略同時之实例

The Chin buildings of Shan-hua Ssŭ are the few speciemens nearly contemporary to the Ying-tsao-fa-shih, treatise on architecture by Li Chieh, architect to Emperor Hui-tsung, 1101-1126 A.D.

ENTRANCE GATEWAY
SHAN-HUA SSU
TA-T'UNG, SHANSI
CHIN DYNASTY
BETWEEN 1130 & 1143.

月梁 CRESCENT MOON BEAM

月梁之應用，自宋以後，北方已極罕見。
The "crescent-moon beam" is rarely used in North China since the Sung Dynasty.

斷面圖 CROSS SECTION

斷面縮尺 1尺 0 5M. SCALE FOR SECTION

醇和时期的最后阶段

在北方和南方，都有相当一批建于醇和时期最后150年间的建筑实例留存了下来。在此期间，斗栱有了许多重要的变化。其一是假昂的普遍使用，其最早实例见于晋祠；另一是要头，即柱头铺作上梁的外端（蚂蚱头）的增大（图37）。由于斗栱随着时代的演变而缩小，依旧制应相当于一材的要头在结构上就显得过于脆弱了。因此，从比例上说，这时期的要头就必须大于一材。而为了承受它，下面的华栱也得相应加宽。（到了《工程做法则例》出版的时代，即1734年〔清雍正十二年〕，柱头铺作上要头的宽度已扩大到40分，即四斗口，较之宋代的比例要大四倍。而最下一跳华栱的宽度也比旧制增大了一倍，即从10分增至20分，即二斗口。）

河北正定县阳和楼（约1250年）〔金末或元初〕是醇和末期建筑的一个极好实例。这是一座七间的类似望楼的建筑，建于一座很高的砖台上，台下有两条发券门洞，形若城门，楼台位于城内主要大道上，像是某种纪念性建筑物（图44）。其斗栱看去有如双下昂，实际上柱头铺作两跳昂都是假的，补间铺作的昂则一真一假。阑额中段形似隆起，两端刻作假月梁状，当然实际上它并不是弓形的。这种做法尚可见于少数其他元代建筑。

图44
河北正定阳和楼，约建于1250年
（已毁）
Yang-ho Lou, Cheng-ting, Hopei,
ca.1250 (Destroyed)

图44a
全景
General view

类似实例尚有河北曲阳县北岳庙的德宁殿（1270年）〔元至元七年〕（图45），和山西赵城县广胜寺水神庙明应王殿，约1320年〔元延祐七年〕（图46）[1]。〔山西赵城县现已划入洪洞县。〕后者饰有壁画，作于1324年〔元泰定元年〕，其中有元代演剧场面。这种以世俗题材作为宗教建筑装饰的实例是很少见的。

图44b
平面及断面图
Plan and cross section

[1] 陈明达批注："约建于元延祐六年（1319年）"。——本版次编辑者补注

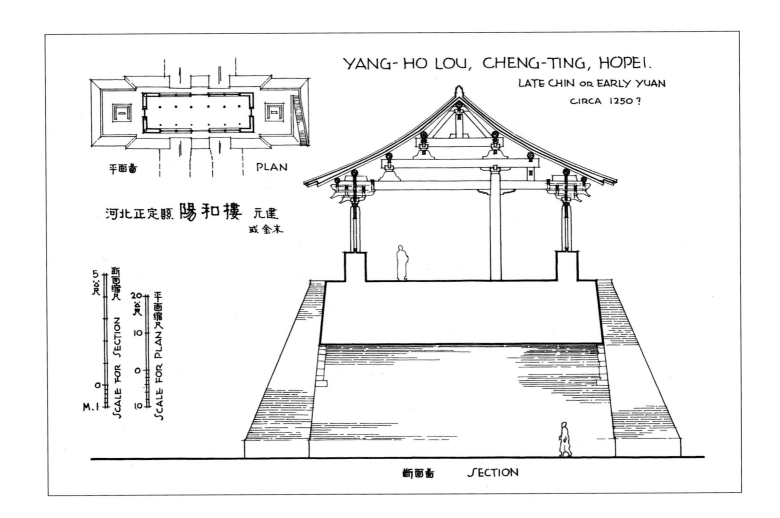

YANG-HO LOU, CHENG-TING, HOPEI.
LATE CHIN OR EARLY YUAN
CIRCA 1250?

平面畵　PLAN

河北正定縣 陽和樓 元建
或金末

断面縮尺
SCALE FOR SECTION
平面縮尺
SCALE FOR PLAN

断面畵　SECTION

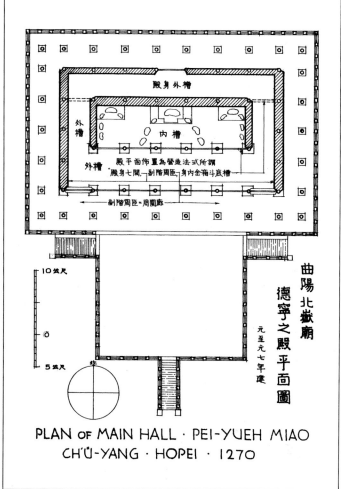

殿身外槽

外槽

内槽

外槽

殿平面佈置為營造法式所謂
"殿身七間,副階周匝,身內金箱斗底槽"

副階周匝=周圍廊

曲陽北嶽廟
德寧之殿平面圖

元至元七年建

PLAN OF MAIN HALL · PEI-YUEH MIAO
CH'Ü-YANG · HOPEI · 1270

图 45

河北曲阳北岳庙德宁殿，1270 年

Te-ning Tien, Main Hall, Pei-yueh Miao, Ch'u-yang, Hopei, 1270

图 45a

全景（陈明达摄于 1935 年）

General view

图 45b

下檐斗栱（刘敦桢摄于 1935 年）

Interior view of tou-kung supporting porch roof

图 45c

平面图

Plan

图46

山西赵城洪洞广胜寺明应王殿（水神庙），约建于 1320 年。此照片为 1950 年代所摄。——本版次编辑者补注

Ming-ying-wang Tien (Temple of the Dragon King), Kuang-sheng Ssu, Chao-ch'eng, Shansi, ca.1320

　　山西〔洪洞县〕广胜寺的上、下二寺是两组使人感兴趣的建筑，它们全然不守常规（图47）。在这些元末或明初的建筑中可见到巨大的昂，它们有时甚至被用以取代梁。这种结构也曾见于晋南的某些建筑，如临汾的孔庙，但在其他地区和其他时期的建筑中却不曾见，所以，也可能纯系一种地方特色。

　　浙江宣平县[1]延福寺大殿（1324—1327年）〔元泰定年间〕，是长江下游和江南地区少见的一处元代建筑实例（图48）。它那彻上露明造的梁架结构是复杂的大木作精品之一。它虽具有元代特征，但其柔和轻巧却与北方那些较为厚重的结构形成鲜明的对照。

　　地处西南的云南省也有少数元代建筑遗例。值得注意的是，这些边远省份的建筑虽然在整体比例上常常赶不上东部文化中心地区的演变，但在模仿当时建筑手法的某些细部方面却相当敏锐。这些建筑在整体比例上属于12或13世纪的，在细部处理上却属于14世纪的。

---

[1]　现为浙江省金华市武义县。——本版次编辑者补注

图 47
山西赵城洪洞广胜寺，约建于元末明初
Kuang-sheng Ssu, Chao-ch'eng, Shansi, late Yuan or early Ming

图 47a
山门
Main Gate

图 47b

下寺前殿，建于 1319 年〔元延祐六年〕
Lower Temple hall, 1319

图 47c

下寺前殿梁架，可见巨大的昂
Lower Temple interior, showing huge *ang*

图 47d

上寺前殿
Upper Temple hall

图 47e

上寺前殿梁架，图中可见巨大的昂
Upper Temple interior, showing huge *ang*

图 48
浙江宣平延福寺大殿，建于 1324—
1327 年
Main Hall, Yen-fu Ssu, Hsuan-p'ing,
Chekiang, 1324—1327

图 48a
全景（梁思成摄于 1934 年）
General view

图 48b
梁架（梁思成摄于 1934 年）
Interior view of *tou-kung*

羁直时期（约公元 1400—1912 年）

自 15 世纪初（明王朝）定都北京起，主要在宫庭建筑中出现了一种与宋元时代迥然不同的风格。这种转变来得很突然，仿佛某种不可抗拒的力量突然改变了匠师们的头脑，使他们产生了一种全然不同于过去的比例观。甚至在明朝的开国皇帝洪武年间（1368—1398 年），建筑还保留着元代形制。这种醇和遗风的最后范例，可以举出山西大同的城楼（1372 年）〔洪武五年〕和鼓楼（可能也建于同年）以及四川省峨眉山飞来寺的飞来殿（1391 年）〔洪武二十四年〕。

在这个新都的建筑中，斗栱在比例上的突然变化是一望而知的（图 32）。在宋代，斗栱一般是柱高的一半或三分之一，而到了明代，它们突然缩到五分之一。在 12 世纪以前，补间铺作从不超过两朵，而现在却增至四或六朵，后来甚至是七八朵。这些补间铺作不仅不能再以巧妙的出跳分担出檐的荷载，而且连它们本身也成了阑额〔清称额枋〕的负担。过去，阑额的功能是联系多于负重，现在却不得不加大尺寸以承受这额外的负担。普拍枋〔清称平板枋〕与下面的阑额已不再呈 T 字形，而是与后者同宽，有时甚至还要略窄，因为它上面那缩小了的斗栱中的纤小栌斗〔清称坐斗〕并不需要垫一条过宽的板材。

在斗栱本身的做法上，也有一些其他重大变化。由于大得不合比例的梁直接落到了柱头铺作上，那种带长尾的昂已经无用武之地了。而在那些从外观效果上需要昂的地方便一律用上了假昂。但是在补间铺作的内面，昂尾却被广泛用作一种装饰性而非结构性的构件。昂尾上增加了许多华而不实的附加雕刻装饰。特别是所谓三福云，在宋代本是偶尔用于偷心华栱中的一根简单的纵向翼状构件，现在却发展为附在昂尾上的云朵。这种昂尾也不再是下端成喙状而斜置着的下昂的上端了。现在的昂嘴已是华栱的延伸部分，成为一种假昂。而昂尾则是一些平置构件如耍头或栱枋头（华栱上面的一根小枋）后面的延伸部分。当这种平置构件伸出一根往上翘的长尾时，它看起来有点像是曲棍球棍。它们已不再是支承檐檩的杠杆，反而成了一种累赘，要用外加的枋来支承。这时的斗栱，除了柱头铺作而外，已成了纯粹的装饰品。

在支承屋顶的梁架中，已完全不用斗栱。尺寸比过去加大了的梁现已直接安放在柱顶或瓜柱上，檩则直接由梁头来支承，不再借助于栱，也不用叉手或托脚支撑；而脊檩的荷载完全由壮实的侏儒柱来承担。

柱的分配非常规则，以至建筑的平面变成了一个棋盘形。在约 1400 年以后，极少有为了实用目的而抽减柱子以加大空间的做法。

永乐皇帝的陵墓（明长陵）

这种形式的建筑现存最早的实物是河北省（今属北京市）昌平县明十三陵内明成祖〔永乐〕的长陵祾恩殿，建于 1403—1424〔永乐〕年间。明代后继的诸帝后都葬在这一带，但长陵的规模最大，独据中央。

祾恩殿（图 49）为陵寝的主要建筑，九间重檐，下有三层白石台基。它几乎完全仿照永乐帝在皇宫中听政的奉天殿（见下文）而建。其斗栱在比例上极小，但昂尾却特长。补间铺作有八攒之多，都是纯装饰性的。在这一时期的最初阶段，这么小的斗栱和这么多的补间铺作都是少见的。然而，这座建筑的整个效果还是极其动人的。

图 49
河北昌平明长陵祾恩殿，建于
1403—1424 年
Sacrificial Hall, Emperor Yung-lo's
Tomb, the Ming Tombs, Ch'ang-p'ing,
Hopei, 1403 ~ 1424

图 49a
全景（此系 1960 年代照片）
General view

图 49b
藻井及梁架细部
Interior detail of ceiling and structure

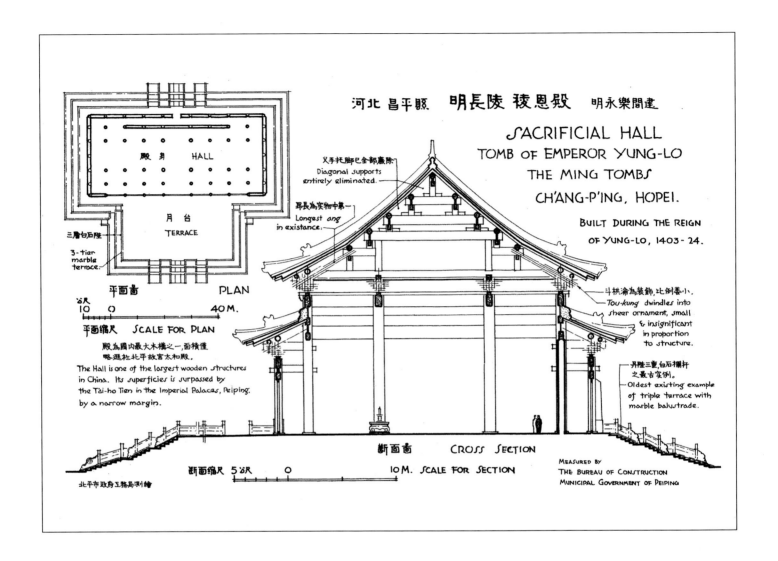

河北 昌平縣　明長陵 祾恩殿　明永樂間建

SACRIFICIAL HALL
TOMB OF EMPEROR YUNG-LO
THE MING TOMBS
CH'ANG-P'ING, HOPEI.

BUILT DURING THE REIGN
OF YUNG-LO, 1403-24.

殿身　HALL

月台
TERRACE

三層白石陛
3-tier
marble
terrace.

平面畐　PLAN

10尺 0   40 M.

平面縮尺　SCALE FOR PLAN

殿為國內最大木構之一，面積僅
略遜於北平故宮太和殿。
The Hall is one of the largest wooden structures
in China. Its superficies is surpassed by
the Tai-ho Tien in the Imperial Palaces, Peiping,
by a narrow margin.

义手托脚巳全部廉除
Diagonal supports
entirely eliminated.

昂長為實物中第一
Longest ang
in existance.

斗栱淪為裝飾，比例奉小。
Tou-kung dwindles into
sheer ornament, small
& insignificant
in proportion
to structure.

丹陛三量白石欄杆
之最古實例。
Oldest existing example
of triple terrace with
marble balustrade.

斷面畐　CROSS SECTION

斷面縮尺 5尺　0   10 M. SCALE FOR SECTION

北平市政府工務局測繪

MEASURED BY
THE BUREAU OF CONSTRUCTION
MUNICIPAL GOVERNMENT OF PEIPING

图 49c

平面及断面图
Plan and cross section

北京故宫中的明代建筑

北京的明代皇宫是在元朝京城，即马可·波罗曾经访问过的元大都的劫后废墟上重建起来的。尽管已有五个半世纪之久，但其基本格局至今变化不大。虽然皇帝临朝的主要大殿皇极殿〔明初称为奉天殿，清代改称为太和殿〕在明朝败亡时曾被毁，但宫内仍有不少明代建筑。其中，建于1421年〔明永乐十九年〕的社稷坛享殿——在今中山公园内——是最早的一处（图50）。在这座建筑上，斗栱仍为柱高的约七分之二，当心间只有补间铺作六攒，其余各间则只有四攒。宫内另一组值得注意的建筑是重建于1545年〔明嘉靖二十四年〕的太庙，即祭祀皇族祖先的庙宇（图51）。

故宫三大殿中的最后一座，原名建极殿〔后改称保和殿〕，是1615年〔明万历四十三年〕在一次火灾后重建的（图52）。1644年明朝覆灭时故宫遭焚，1679年〔清康熙十八年〕故宫又一次失火，三大殿的前面两座均被毁，独建极殿幸免于难。此殿与清《工程做法则例》（1734年）〔雍正十二年〕时期的其他建筑，无论在整体比例上还是在细节上都大体相同，以至若非在藻井以上发现了每一构件上都有以墨笔标明的"建极殿"某处用料字样，人们是很难确认它为清代以前遗构的。

山东曲阜孔庙奎文阁（1504年）〔明弘治十七年〕，高二层，是明代官式做法的一个引人注意的实例（图53）。但是，看来这种羁直的风格影响所及并没有超出北京以外多远。确切地说，并未超出按宫廷命令和官式制度兴建的那些建筑的范围以外。在清帝国的其他地区，匠师们要比宫廷建筑师自由得多。全国到处都可以见到那种多少仍承袭着旧传统的建筑物，如四川梓潼县文昌宫内的天尊殿〔建于明中叶〕和四川蓬溪县鹫峰寺的建筑群（始建于1443年）〔明正统八年〕都是其中杰出的实例。

图 50
北京皇城内社稷坛（今中山公园）享殿（今中山堂），建于 1421 年（此系 1960 年代照片）

Hsiang Tien, Sacrificial Hall, She-chi T'an, Forbidden City, Peking, 1421

图 51
北京皇城内太庙，1545 年重建
T'ai Miao, Imperial Ancestral Temple, Imperial Palace, Forbidden City, Peking, Rebuilt 1545

图 52
北京故宫保和殿，建于 1615 年〔原图注 Later rebuilt（后来重建）有误〕
52 Pao-ho Tien (formerly Chien-chi Tien), Imperial Palace, Peking, 1615. Later rebuilt

图 53
山东曲阜孔庙奎文阁，建于 1504 年
〔明弘治十七年〕（梁思成 摄）
Library, Temple of Confucius, Ch'ü-fu,
Shantung, 1504

图 53a
全景
General view

图 53b
平面及断面图
Plan and cross section

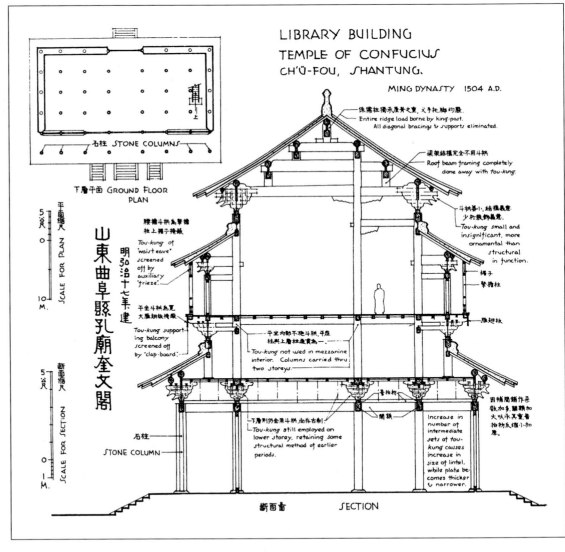

下層平面 GROUND FLOOR
PLAN

石柱 STONE COLUMNS

LIBRARY BUILDING
TEMPLE OF CONFUCIUS
CH'Ü-FOU, SHANTUNG.

MING DYNASTY 1504 A.D.

山東曲阜縣孔廟奎文閣

明弘治十七年建

殊偶柱儘承屋黃之重，义手托脚均廢。
Entire ridge load borne by king-post.
All diagonal bracings & supports eliminated.

梁架結構完全不用斗拱。
Roof beam framing completely
done away with tou-kung.

斗拱蓋小，結構蓋意，
少裝飾蓋意。
Tou-kung small and
insignificant, more
ornamental than
structural
in function.

腰檐斗拱為擎檐
柱上擋子捲殺。
Tou-kung of
"waist eave"
screened
off by
auxiliary
"frieze".

平坐斗拱為覓
大雁翅板捲殺。
Tou-kung support-
ing balcony screened off
by "clap-board".

平坐內部不施斗拱，平座
柱與上層柱直貫為一。
Tou-kung not used in mezzanine
interior. Columns carried thru
two storeys.

擋子
擎檐柱

雁翅板

因補間鋪作朵
數加多，關襜加
大以承其重。普
拍枋反縮小加
厚。
Increase in
number of
intermediate
sets of tou-
kung causes
increase in
size of lintel,
while plate be-
comes thicker
& narrower.

平面縮尺
SCALE FOR PLAN

5公尺
0
10
M.

斷面縮尺
SCALE FOR SECTION

5公尺
0
1
M.

石柱
STONE COLUMN

下層則仍用斗拱，尚存古制。
Tou-kung still employed on
lower storey, retaining some
structural method of earlier
periods.

普拍枋

關襜

石柱

斷面畫　SECTION

108

北京的清代建筑

清代（1644—1912年）的建筑只是明代传统的延续。在1734年〔雍正十二年〕《工程做法则例》刊行之后，一切创新都被窒息了。在清朝268年的统治时期中，所有的皇家建筑都千篇一律，这一点是任何近代极权国家都难以做到的。在紫禁城宫内、皇陵和北京附近的无数庙宇中的绝大多数建筑都同属这一风格（图54—图56）。它们作为一些单个建筑物，特别是从结构的观点来看，并不值得称道。但从总体布局来说，却举世无双。这是一个规模上硕大无朋的宏伟布局。从南到北，贯穿着一条长约两英里〔3公里左右〕的中轴线，两边对称地分布着绵延不尽的大道、庭院、桥、门、柱廊、台、亭、宫、殿等等，全都按照完全相同的，严格根据《工程做法则例》的风格建造，这种设计思想本身就是天子和强大帝国的最适当的表现。在这种情况下，由于严格的规则而产生的统一性成了一种长处而非短处。如果没有这些刻板的限制，皇宫如此庄严宏伟之象也就无从表现了。

然而，这个布局却有一个重大缺陷，看来其设计者完全忽略了那些次要横轴线，也许可以说是无力解决这个问题。甚至就在主轴线上各殿两侧布置建筑时，其纵横轴线之间的关系也往往不甚协调。故宫内的各建筑群几乎都有这个问题，特别是中轴线两侧的各个庭院，尽管在它本身的四面围墙之内是平衡得很好的——每一群都有一条与主轴线平行的南北轴线——但在横向上却与主轴线没有明

图 54
北京故宫西华门，建于清代
His-hua Men, a gate of the Forbidden City, Peking, Ch'ing dynasty

图 55
北京故宫角楼，建于清代
Corner tower of the Forbidden City,
Peking, Ch'ing dynasty

图 55a
全景
General view

图 55b
外檐斗栱
Exterior *tou-kung*

图 56

北京故宫文渊阁，建于 1776 年〔清乾隆四十一年〕

Wen-yuan Ke, Imperial Library,
Forbidden City, Peking, 1776

图 56a

正面细部

Detail of facade

图 56b

平面及断面图

Plan and cross section

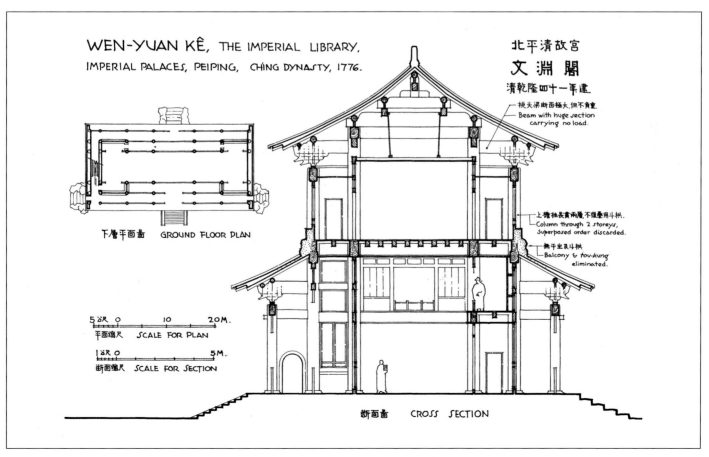

WEN-YUAN KÊ, THE IMPERIAL LIBRARY,
IMPERIAL PALACES, PEIPING, CHING DYNASTY, 1776.

北平清故宫
文渊阁
清乾隆四十一年建

— 挑尖梁断面极大,但不负重。
  Beam with huge section carrying no load.

— 上檐柱长贯两层,不�叠用斗栱.
  Column through 2 storeys, Superposed order discarded.

— 无平坐及斗栱
  Balcony & tou-kung eliminated.

下层平面图 GROUND FLOOR PLAN

5 尺 0   10   20M.
平面缩尺 SCALE FOR PLAN

1 丈 0   5M.
断面缩尺 SCALE FOR SECTION

断面图 CROSS SECTION

111

图 57

北京明清故宫三殿总平面图
Imperial Palaces, Forbidden
City, Peking, Ming and Ch'ing
dynasties. Site plan

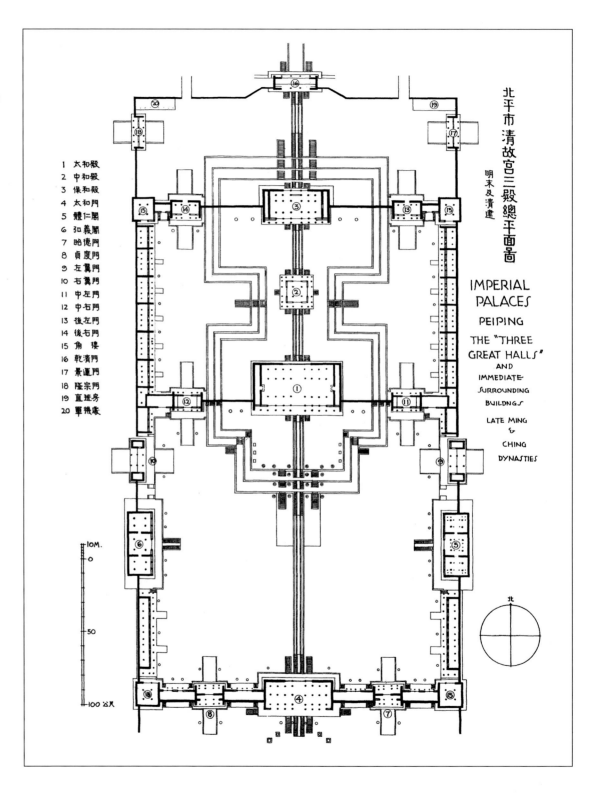

1 太和殿
2 中和殿
3 保和殿
4 太和门
5 體仁閣
6 弘義閣
7 昭德門
8 貞度門
9 左翼門
10 右翼門
11 中左門
12 中右門
13 後左門
14 後右門
15 角樓
16 乾清門
17 景運門
18 隆宗門
19 直班房
20 軍機處

北平市清故宮三殿總平面圖

明末及清建

IMPERIAL
PALACES
PEIPING
THE "THREE
GREAT HALLS"
AND
IMMEDIATE
SURROUNDING
BUILDINGS
LATE MING
&
CHING
DYNASTIES

10M.
0
50
100 公尺

北

确的关系。虽然强调主轴线是中国建筑布局的突出特征之一，这可以从全国所有的庙宇和住宅平面中看出。但几乎难以置信的是，设计者怎能如此重视一个方向上轴线的对称，同时却全然无视另一方向上轴线的处理。

太和殿是故宫中主要的听政殿，也是整座皇城的中心，是各殿中最宏伟的一座单幢建筑（图58）。它共有六行柱子，每行十二根，广十一间，进深五间，庑殿重檐顶，是中国现存古代单幢建筑中最大的一座。殿内七十二根柱子排列单调而规整，虽无巧思，却也颇为壮观。大殿建在一个不高的白石阶基上，下面则是三层带有栏杆的台阶，上面饰有极其精美的雕刻。殿为1679年〔康熙十八年〕火灾后重建，其建造年代不早于1697年〔康熙三十六年〕。

这座巨型大殿的斗栱在比例上极小——不及柱高的六分之一。当心间的补间铺作竟达八攒之多。从远处望去几乎见不到斗栱。大殿的墙、柱、门、窗都施以朱漆，而斗栱和额枋则是青绿描金。整座建筑覆以黄色琉璃瓦，在北方碧空的衬托下，它们在阳光中闪耀出金色的光芒。白石阶仿佛由于多彩的雕饰而激荡着，那雄伟的大殿矗立其上，如一幅恢宏、庄严、绚丽的神奇画面，光辉夺目而使人难忘。

这里顺便提一句，太和殿还装备着一套最奇特的"防火系统"。在当心间屋顶下黑暗的天花上，供着一个牌位，上面刻有佛、道两教的火神、风神和雷神的姓名和符咒，前面有香炉一尊、蜡烛一对，还有道教中象征长生不老的灵芝一对。看起来这个预防系统似乎还很灵验呢！

图 58
北京故宫太和殿，重建于 1697 年〔清康熙三十六年〕
58 T'ai-ho Tien, Hall of Supreme Harmony, Forbidden City, Peking, 1697

图 58a
全景
a General view

图 58b
白石台基
Marble terraces

图 58c
藻井
Ceiling

清代的另一座著名建筑是天坛的祈年殿。殿为圆形，重檐三层，攒尖顶（图59）。蓝琉璃瓦象征着天的颜色。这座美丽的建筑也是建在三层有栏杆的白石台基之上的。现在这座大殿是1890年〔清光绪十六年〕重建的，原先的一座于此前一年被焚毁。

北京的护国寺是明、清时代一座典型的佛教寺庙。它始建于元代，但在清代曾彻底重建。寺内建筑的布局可使各进庭院由建筑的两侧互通。寺庙中特有的钟、鼓二楼被置于前院的两侧。全寺最后的一座元代建筑现已完全坍毁，但却是木骨土墼墙中一个令人感兴趣的实例。

明、清两代还建造了许多清真寺。但除了内部装修的细部之外，它们与其他建筑并无本质上的区别。

图59
北京天坛祈年殿，重建于1890年〔清光绪十六年〕（此系1970年代照片）
Ch'i-nien Tien, Temple of Heaven, Peking, 1890

山东曲阜孔庙

山东曲阜县〔今为市〕孔庙的大成殿（图60）的建成年代（1730年）〔雍正八年〕与《工程做法则例》的颁行几乎同时，然而却与书中规定颇有出入。它的雕龙石柱虽然很壮观，但整个比例却显得有些生硬，为清代其他建筑中所未见，无论那些建筑是否由皇帝敕令所建。

曲阜孔庙自汉代以降就属国家管理，是中国唯一一组有两千余年未间断的历史的建筑物。现在孔庙是一个巨大的建筑群，占据了县城的整个中心区。其布局是宋代时定下的。围墙之内包括了不同时期的众多建筑，可谓五光十色。其中最早的是建于金代，即1195年〔明昌六年，原文1196年有误〕[1] 的碑亭，最晚的则建于1933年。其间的元、明、清三代，在这里都有建筑遗存。

图60
山东曲阜孔庙，建于1730年
Temple of Confucius, Ch'u-fu, Shantung, 1730

图60a
大成殿正面
Ta-ch'eng Tien, Main Hall, facade

[1] 〔〕内的勘误文字系汉译过程中所加，1984年的英文版误作1196年。——本版次编辑者补注

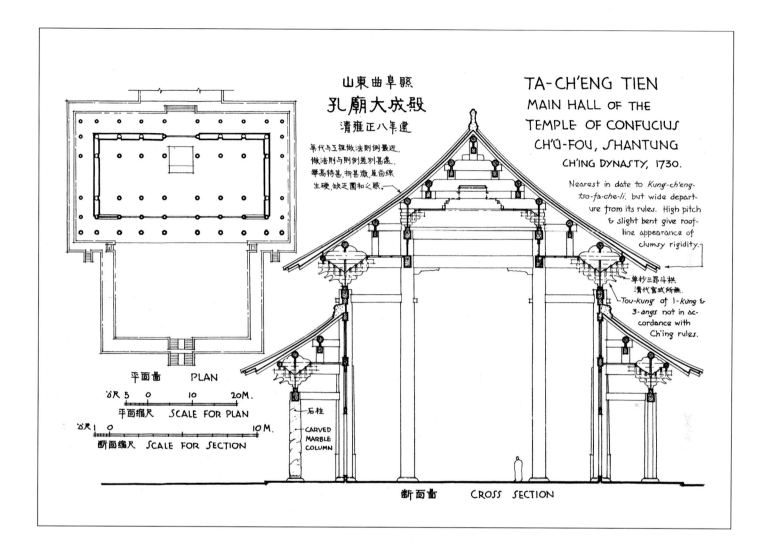

山東曲阜縣
孔廟大成殿
清雍正八年建

年代與工程做法則例最近,
做法則與則例差別甚遠.
舉高特甚, 折甚嶮, 屋面線
生硬, 缺乏圓和之感.

TA-CH'ENG TIEN
MAIN HALL OF THE
TEMPLE OF CONFUCIUS
CH'Ü-FOU, SHANTUNG
CH'ING DYNASTY, 1730.

Nearest in date to *Kung-ch'eng-
tso-fa-che-li*, but wide depart-
ure from its rules. High pitch
& slight bent give roof-
line appearance of
clumsy rigidity.

單抄三昂斗拱
清代官式所無.
Tou-kung of 1-kung &
3-angs not in ac-
cordance with
Ch'ing rules.

平面圖　PLAN

营尺 5　0　　10　　20M.
平面縮尺　SCALE FOR PLAN

营尺 1　0　　　　　　　10 M.
斷面縮尺　SCALE FOR SECTION

石柱
CARVED
MARBLE
COLUMN

斷面圖　CROSS SECTION

图 60b
大成殿平面及断面图
Main Hall, Plan and cross section

117

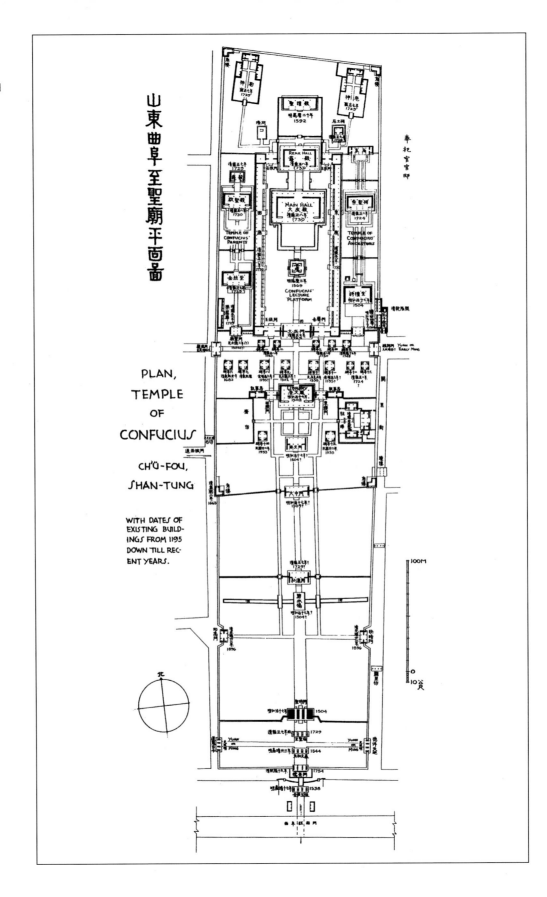

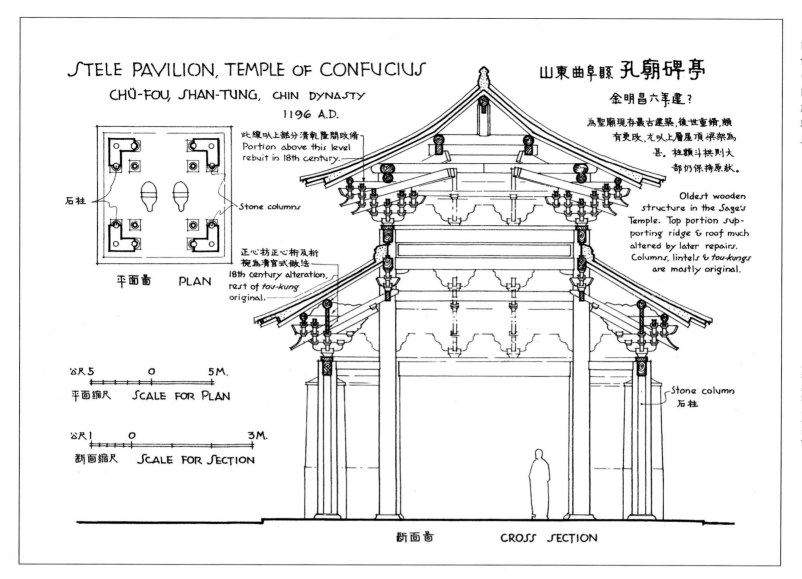

STELE PAVILION, TEMPLE OF CONFUCIUS
CHÜ-FOU, SHAN-TUNG, CHIN DYNASTY
1196 A.D.

山東曲阜縣 **孔廟碑亭**

金明昌六年建?

為聖廟現存最古建築,後世重修,頗
有更改,尤以上層屋頂梁架為
甚。柱額斗拱則大
部仍保持原狀。

Oldest wooden
structure in the Sage's
Temple. Top portion sup-
porting ridge & roof much
altered by later repairs.
Columns, lintels & *tou-kungs*
are mostly original.

此線以上部分清乾隆間改修
Portion above this level
rebuilt in 18th century.

石柱 — Stone columns

正心枋正心桁及桁
椀為清官式做法
18th century alteration,
rest of *tou-kung*
original.

平面畾　PLAN

公尺 5　0　5 M.
平面縮尺　SCALE FOR PLAN

公尺 1　0　3 M.
斷面縮尺　SCALE FOR SECTION

Stone column
石柱

斷面畾　CROSS SECTION

图 60d
碑亭平面及断面图
Stela pavilion, Plan and cross section, 1196

南方的构造方法

　　在官式建筑则例影响所不及之处，即使离北京不远，由于采取了较为灵巧的做法，也使建筑物的外观看来更有生气。这种现象在江南诸省尤为显著。这种差异不仅是较暖的气候使然，也是南方人匠心巧技所致。在温暖的南方地区，无需厚重的砖、土墙和屋顶来防寒。板条抹灰墙，椽上直接铺瓦，连望板都不用的建筑随处可见。木料尺寸一般较小，屋顶四角常常高高翘起，颇具愉悦感。然而，当这种倾向发展得过分时，常会导致不正确的构造方法和繁缛的装饰，从而损害了一栋优秀建筑物所不可缺少的两大品质——适度和纯朴。

图61
浙江武义山区民居（梁思成 摄于 1934 年）
Mountain homes, Wu-i, Chekiang

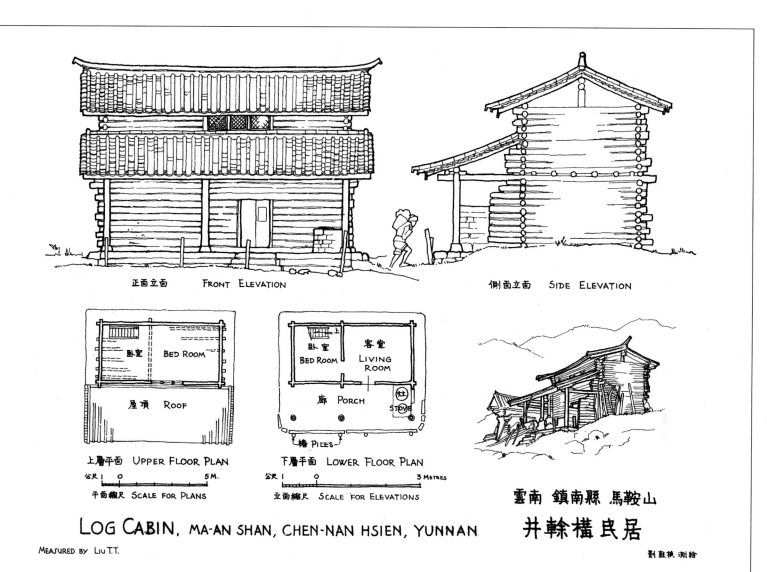

正面立面　FRONT ELEVATION

侧面立面　SIDE ELEVATION

卧室 BED ROOM

屋顶 ROOF

上层平面 UPPER FLOOR PLAN

公尺 1 0　　　　5 M.

平面缩尺 SCALE FOR PLANS

卧室 BED ROOM　客堂 LIVING ROOM

廊 PORCH　灶 STOVE

下层平面 LOWER FLOOR PLAN

公尺 1 0　　　　3 METRES

立面缩尺 SCALE FOR ELEVATIONS

椿 PILES

LOG CABIN, MA-AN SHAN, CHEN-NAN HSIEN, YUNNAN

MEASURED BY LIU T.T.

雲南 鎮南縣 馬鞍山

井榦構民居

劉敦楨 測繪

图 62

云南镇南县马鞍山井干构民居

Log cabin, western Yunnan, plans and elevations

住宅建筑

云南省的民居看来倒很巧妙地把南方的灵巧和北方的严谨集于一身了。它在平面布局上有某种未见于他处的灵活性，把大小、功能各不相同的许多单元运用自如地结合在一起，并使其屋顶纵横交错。窗的布局也富于浪漫色彩，上有窗檐，下有窗台，在体形组合上极具画意。

就地取材的农村建筑，如人们在浙江武义山区的农村中所见，在江南地区是有代表性的（图61）[1]。但在北方黄土高原地区，依土崖挖成的窑洞仍很普遍。在滇西滇缅公路沿线山区，有一种特别的木屋〔井干式民居〕，其构造与斯堪的纳维亚和美洲的木屋相似，但又具有某种地道的中国特色，尤其表现在其屋顶和门廊的处理上。这使人不得不承认，建筑总是渗透着民族精神，即使是在如此偏远地区偶然建造的简陋小屋，也表现出这种情况（图62）。

---

[1] 原汉译为"武夷山区"。对照梁思成著《中国建筑史》，可知系"武义山区"之误译。——本版次编辑者补注

佛塔

在表现并点缀中国风景的重要建筑中，塔的形象之突出是莫与伦比的。从开始出现直至今日，中国塔基本上是如上文曾引述的"下为重楼，上累金盘"，也就是这两大部分——中国的"重楼"与印度的窣堵坡（"金盘"）的巧妙组合。依其组合方式，中国塔可分为四大类：单层塔、多层塔、密檐塔和窣堵坡。不论其规模、形制如何，塔都是安葬佛骨或僧人之所。

根据前引的那类文献记载和云冈、响堂山（图17—图19）、龙门石窟中所见佐证，以及日本现存的实物，可以看出早期的塔都是一种中国本土式的多层阁楼，木构方形，冠以窣堵坡，称为刹。但匠师们不久就发现用砖石来建造这类纪念性建筑的优越性，于是便出现了砖石塔，并终于取代了其木构原型。除应县木塔（图31）这唯一遗例之外，中国现存的塔全部为砖石结构。

砖石塔的演变（图63）大致可分为三个时期：古拙时期，即方形塔时期（约500—900年）；繁丽时期，即八角形塔时期（约1000—1300年）；杂变时期（约1280—1912年）。与我们对木构建筑的分期相似，这种分期在风格和时代特征上必然会有较长时间的交叉或偏离。

图 63
历代佛塔类型演变图
Evolution of types of the
Buddhist pagpda

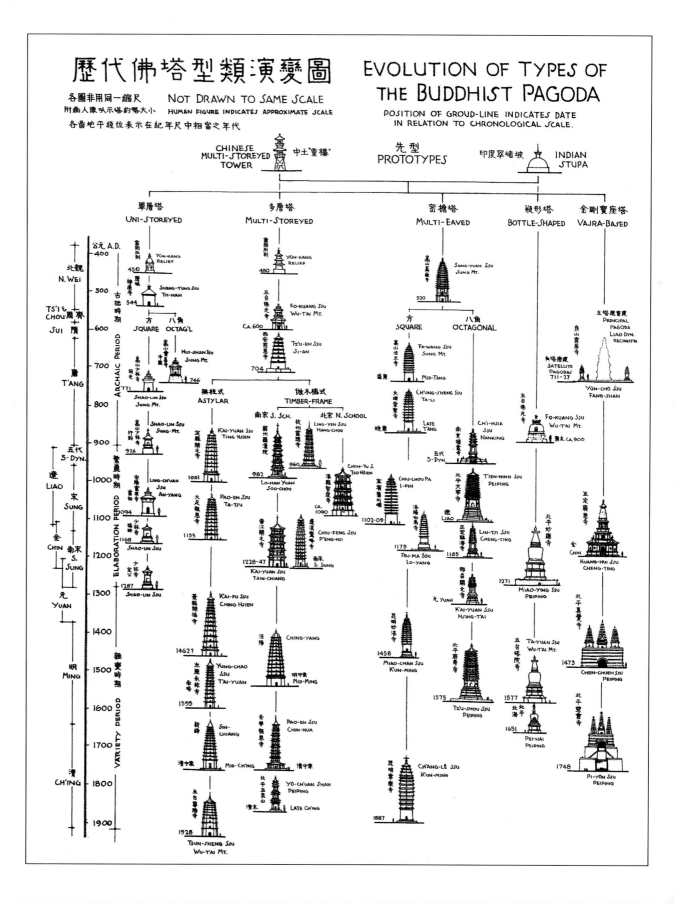

古拙时期（约公元 500—900 年）

这一时期大体始自 6 世纪初，直到 9 世纪末。其间经历北魏、北齐、隋、唐诸代。其显著特征，除少数例外，均为方形、空心单筒，即塔成筒状，内部不再用砖构分层分间（但可能有木制楼板、楼梯），如同一个封了顶的近代工厂的大烟囱。上述四种形式的塔中，前三种已在此期间内出现，并有很多实例。唯有塔的先型印度式窣堵坡，料想在此早期会有实物，但却不曾见；尽管完全有理由相信，中国人此时已经知道了这一形式。这一点令人不解。

单层塔

除一例之外，单层塔都是僧人的墓塔，它们规模不大，看起来更像神龛而不像通常所说的塔。在云冈石窟浮雕中，这种塔的形象甚多。其特征是一方形小屋，一面有拱门，上面是一或两层屋檐，再上覆以刹。

山东济南附近神通寺四门塔（611 年）〔隋大业七年〕是中国最早的石塔，也是现存单层塔中最早和最重要的一座（图 64a）。但它绝非这类塔的典型，因为它既不是墓塔，又不是空筒结构，而是一座方形单层亭状石砌建筑。中央为一方墩，四周贯通，四方各有一孔券门。在这一时期，塔的内部作如此处理的仅此孤例。但在 10 世纪以后，这却成了塔的普遍形式。

山东长清县灵崖寺慧崇禅师塔（约 627—649 年）〔唐贞观年间〕（图 64b）和建于 771 年〔唐大历六年〕的河南嵩山少林寺同光禅师塔（图 64c）是这类单层墓塔的典型实例。

河南登封县嵩山会善寺净藏禅师塔是在建筑方面具有极大重要意义的一个独特的典型（图 64d、64e）。塔建于禅师圆寂后不久（746 年）〔唐天宝五年〕，为一栋较小的单层八角形亭式砖砌建筑，下面有一个很高的须弥座。塔身外面在转角处砌出倚柱，并有斗栱、假窗及其他构件。斗栱形制与云冈及天龙山石窟中所见相近，但在每一栌斗处伸出一根与栱相交的耍头。八面阑额上各有一朵人字形补间铺作。整座塔形为当时的典型形制；但八角形平面和须弥座却是第一次出现，而自 10 世纪中叶以后，这两者已成为塔的两项显著特征。然而，在 8 世纪中期的建筑上采用这些做法，却是塔形演进中将发生重大变化的先兆。

图 64
单层塔
One-storied Pagodas

图 64a
山东济南附近神通寺四门塔，544 年建（现已确证此塔建于 611 年——陈明达补注）
Ssu-men T'a, Shen-t'ung Ssu, near Tisnan, Shantung, 544

图 64b
山东长清灵崖寺慧崇禅师塔
Tomb Pagoda of Hui-ch'ung, Ling-yen Ssu, Ch'ang-ch'ing, Shantung, ca.627—649

图 64c
河南嵩山少林寺同光禅师塔
Tomb Pagoda of T'ung-kuang, Shao-lin Ssu, Teng-feng, Honan, 771

图 64f
少林寺行均禅师墓塔，建于 926 年（后唐天成元年）
Tomb Pagoda of Hsing-chun, Shao-lin Ssu, 926

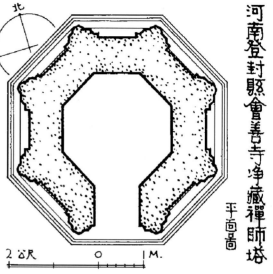

河南登封縣會善寺淨藏禪師塔

平面圖

PLAN, CHING-TSANG CH'AN-SHIH T'A,
HUI-SHAN SSU, TENG-FENG, HONAN.

MEASURED BY LIU T.T.　　劉敦楨測繪

图 64d
河南登封县会善寺净藏禅师塔（陈明达摄于 1936 年）
Tomb Pagoda of Ching-tsang, Hui-shan Ssu, Teng-feng, Honan, 746

图 64e
会善寺净藏禅师塔平面图
Tomb Pagoda of Ching-tsang, plan

多层塔

多层塔是若干单层塔的叠加。这是云冈石窟浮雕与圆雕中最常见的一种塔。各层的高度和宽度往上依次略减。现存砖塔外表常饰以稍稍隐起的倚柱，柱端有简单的斗栱，是对当时木构建筑的模仿。陕西西安慈恩寺大雁塔（图65a）是这种形式的塔中最著名的一座。其原构是7世纪中叶玄奘法师所献，不久即毁，今塔建于701—704年〔唐武后长安间〕之际。这是一座典型的空筒状塔，内部楼板及楼梯都是木构。塔面以十分细致的浮雕手法砌出非常瘦长的扁柱，与豪劲粗大的塔身恰成鲜明对比。各柱上均仅有一斗，没有补间铺作。各层四面都开有券门，底层四面门楣上有一块珍贵的石刻，描绘了一座唐代的木构大殿（图22）。

这种形式的塔中，还有两个应当提到的例子，即西安市附近的香积寺塔和玄奘塔。前者建于681年〔唐永隆二年〕，在总体布局和外墙处理上与大雁塔相似，但其补间也用单斗，墙上还有假窗（图65c）。兴教寺内的玄奘塔建于669年〔唐总章二年〕，是个只有五层的小塔，可能是这位大师的墓塔[校注五]。塔的底层外墙素平无柱，其上四层则隐起倚柱。在斗栱处理上，它与净藏塔相近，栌斗中有耍头伸出，但耍头外端呈直面。这座塔比净藏塔早约70年，是采用这种做法的最早实例（图65d）。

山西五台山佛光寺中称为祖师塔的那座多层塔，是一个极特殊的实例（图65e）。它位于该寺唐代大殿南面，与殿相距不过几步。六角形，两层，下层上部砌斗一圈，斗上为莲瓣檐，再上为叠涩檐；上层之下为平座，平座为须弥座形，用版柱将仰莲座与下涩之间的束腰隔成若干小格。三檐均用莲瓣。这种须弥座做法虽属细节，却是6世纪中、后期最典型的形式，甚至可用作判断年代的一种标志。如前所述，在多层木构建筑中，平座具有重要作用。因此，此处出现的平座颇值得重视（图65f）。

祖师塔的上层较富建筑意味。转角处都砌出倚柱，柱的两端及中间都以束莲装饰，显然系受

〔校注五〕原文中所注这两塔的建造年代应互易，译文已根据作者所著《中国建筑史》改正，见《梁思成文集》
（三）。——孙增蕃校注

印度影响。正面墙上还砌有假门，门券作火焰形，两侧墙上则砌出假直棂窗，窗上白墙仍残留着土朱色人字形补间铺作画迹，其笔法雄浑古拙，颇具北魏、北齐造像衣褶及书法的风格（图 65g）。

此塔建造年代已不可考。但从其须弥座、焰形券面束莲柱、人字形补间铺作和其他特征来看，可以肯定是 6 世纪晚期遗构。

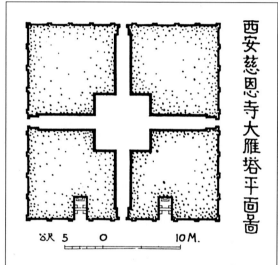

西安慈恩寺大雁塔平面图

图 65
多层塔
Multi-storied Pagodas

图 65a
陕西西安慈恩寺大雁塔，建于 701—704 年
Ta-yen T'a (Wild Goose Pagoda), Tzu-en Ssu, Sian, Shensi, 701—704

图 65b
大雁塔平面图
Ta-yen T'a, plan

图 65c

西安香积寺塔，建于 681 年

Hsiang-chi Ssu T'a,Sian, Shensi, 681

图 65d

西安兴教寺玄奘塔，建于 669 年

Hsuan-tsang T'a, Hsing-chiao Ssu, Sian, Shensi, 669

图 65e

山西五台山佛光寺祖师塔，约建于 600 年

Tsu-shin T'a, Fo-kuang Ssu, Wu-tai, Shansi, ca.600

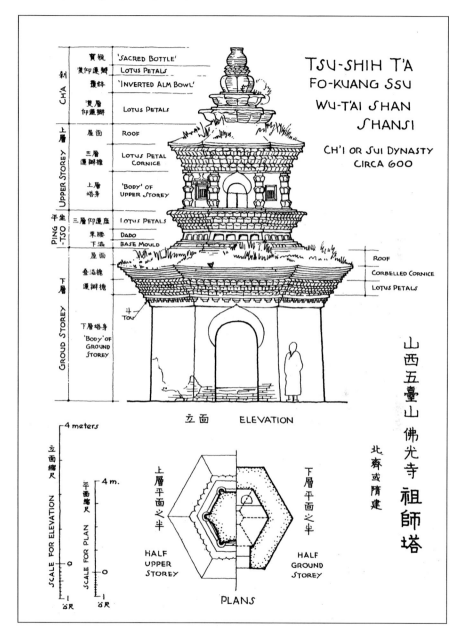

CH'A	寶瓶	'SACRED BOTTLE'
	莫仰蓮瓣	LOTUS PETALS
	覆鉢	'INVERTED ALM BOWL'
	浸層仰蓮瓣	LOTUS PETALS
UPPER STOREY	屋面	ROOF
	三層蓮瓣檐	LOTUS PETAL CORNICE
	上層塔身	'BODY' OF UPPER STOREY
PING-TSO	三層仰蓮座	LOTUS PETALS
	束腰	DADO
	下澀	BASE MOULD
GROUD STOREY	屋面	ROOF
	叠澀檐	CORBELLED CORNICE
	蓮瓣檐	LOTUS PETALS
	斗	TOU
	下層塔身	'BODY' OF GROUND STOREY

TSU-SHIH T'A
FO-KUANG SSU
WU-T'AI SHAN
SHANSI

CH'I OR SUI DYNASTY
CIRCA 600

山西五臺山佛光寺祖師塔

北齊或隋建

立面　ELEVATION

4 meters

立面缩尺　SCALE FOR ELEVATION

平面缩尺　SCALE FOR PLAN

4 m.

上層平面之半　HALF UPPER STOREY

下層平面之半　HALF GROUND STOREY

PLANS

图 65g

祖师塔二层窗的上方所绘斗栱

Tsu-shih T'a, painted *tou-kung* over second-story window

图 65f

佛光寺祖师塔平面及立面图

Tsu-shih T'a, plan and elevation

密檐塔

图 66
密檐塔
Multi-eaved Pagodas

图 66a
嵩岳寺塔平面图
Plan of Sung-yueh Ssu T'a

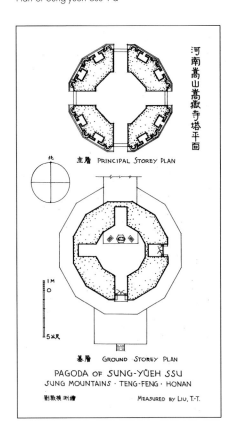

密檐塔的特征是塔身很高，下面往往没有台基，上面有多层出檐。檐多为单数，一般不少于五层，也鲜有超过十三层的。各层檐总高度常为塔身的两倍。习惯上，人们总是以檐数来表示塔的层数，于是，这类塔便被说成是"几层塔"，其实这并不确切。从结构或建筑的意义上说，这类塔的出檐一层紧挨一层，中间几乎没有空隙，所以我们称之为"密檐塔"。

河南登封县嵩山嵩岳寺塔，建于 520 年〔北魏正光元年〕，是这类塔中的一个杰作，虽然并不典型。它有十五层檐，平面呈十二角形，是这方面的一个孤例。它的整个布局包括一个极高的基座，上为塔身，塔身各角都饰有倚柱，柱头仿印度式样饰以垂莲。塔壁四面开有券门，其余八面各砌成单层方塔形的壁龛，凸出于塔壁外，龛座上刻有狮子。各层出檐依一条和缓的抛物线向内收分，使塔的轮廓显得秀美异常。全塔是一个砖砌空筒，内部平面八角形（图 66a，b）。塔内原有木制楼板和楼梯已毁，这使它从内部仰望竟像一个电梯井。

这一时期典型的密檐塔都呈正方形，下无台基，塔身外墙多为素面。这种塔最好的实例是建于 8 世纪早期的河南登封县嵩山永泰寺塔和法王寺塔（图 66c，d）。

陕西西安荐福寺小雁塔建于 707—709 年〔唐景龙年间〕，也属于这一类型，但在其檐与檐之间狭窄的墙面上有窗（图 66e，f）。然而其出檐，尤其是上层出檐，与其内部的分层并不一致，因此不能表示其内部的层次。其主层与以上各"层"在高度上相差悬殊，这与多层塔有规则的分层迥然不同，所以必须正确地将它们列入密檐塔一类。建于南诏时期的云南大理县佛图寺塔（820 年）和千寻塔（约 850 年）也同属这一类型（图 66g– 图 j）。

有不少唐代石塔也属于密檐型。它们一般较小，高度很少超过二十五或三十尺〔8 ~ 9 米〕。其出檐用薄石板，刻成阶梯状以模仿砖塔叠涩。主层的门多为拱门，券面作焰形，两侧并有金刚侍立。其典型遗例为河北〔北京市〕房山县云居寺主塔旁的四座小石塔（711—727 年）〔原文年代有误，已改正〕[1]。它们位于一座大塔台基的四角，成拱辰之势（图 66k，l）。这种五塔共一基座的形式后来在明、清时期十分普遍。

---

[1] 所谓"〔原文年代有误，已改正〕"，系本书稿汉译时的勘误，而 1984 年英文版仍作 "711–722"。——本版次编辑者补注

图 66b
河南登封嵩山嵩岳寺塔，建于 520 年
Sung-yueh Ssu T'a, Teng-feng, Sung
Shan, Honan, 520

窣堵坡

约在 10 世纪末，出现了一种比前述任何类型都更具印度色彩的塔。塔身近半球型的印度窣堵坡式墓塔，在敦煌石窟壁画中随处可见。这一时期中的实例虽在新疆地区有不少，但在中原一带却罕见，唯山西五台山佛光寺内有一例。然而，后来窣堵坡终究还是在中国站住了脚。此点在下文中论及杂变时期时再谈。

图66c
河南登封永泰寺塔，建于 8 世纪
Yung-t'ai Ssu T'a, Teng-feng, Honan,
eighth century

图66d
河南登封法王寺塔，建于 8 世纪
Fa-wang Ssu T'a, Teng-feng, Honan,
eighth century

图 66e
西安荐福寺小雁塔，
建于 707—709 年
Hsiao-yen T'a, Chien-fu
Ssu, Sian, Shensi, 707—709

图 66f
荐福寺小雁塔平面图
Hsiao-yen T'a, plan

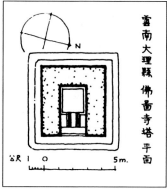

图 66g
云南大理佛图寺塔，
建于 820（？）年
Fo-t'u Ssu T'a, Tali, Yunnan, 820(?)

图 66h
佛图寺塔平面图
Fo-t'u Ssu T'a, plan

图 66i
云南大理千寻塔，约建于 850 年
Ch'ien-hsun T'a, Tali, Yunnan, ca.850

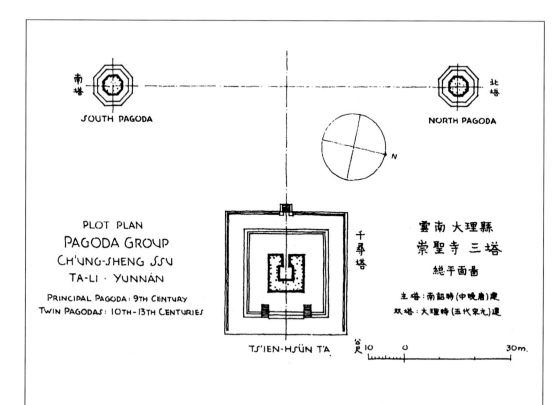

云南大理县崇圣寺三塔总平面图
Ch'ien-hsun T'a and twin pagodas, Tali, site plan

图 66k
北京房山云居寺石塔。图中可见四座
唐代小石塔（建于 711—727 年）中
之两座及主塔基座，主塔系辽代所建。
（原图注中后一年代有误，已根据图
63 注改正——陈明达补注）（陈明达
摄于 1936 年）
Stone Pagodas of Yun-chu Ssu, Fang
Shan, Hopei, showing two of four
small T'ang pagodas (711—722) and
base of large central pagoda, a Liao
substitution

图 66l
房山云居寺唐代小石塔细部（陈明达
摄于 1936 年）
Detail of a small T'ang pagoda, Yun-
chu Ssu, Fang Shan

繁丽时期（约公元 1000—1300 年）

繁丽时期大体开始于 10 世纪末，结束于 13 世纪末，即五代、两宋以及辽金时期。这个时期塔的特征是：平面呈八角形，并开始用砖石在塔内砌出横向和竖向的间隔，形成回廊和固定的楼梯。这种间隔与过去的筒形结构相比，使塔的内观大异其趣。但这种构思也并非创新，因为早在 6 世纪中期，它就曾一度出现于神通寺的四门塔中（图 64a）。

现存最早的八角形塔是 746 年〔唐天宝五年〕所建净藏禅师墓塔（图 64d，e），这也是第一次真正表达了英文中 Pagoda 一词按其读音来讲的确实含意。人们一直弄不清这个怪字的字源从何而来。看来最合理的解释是：那无非是按中国南方发音读出的汉字"八角塔"的音译而已。在本书〔英文本〕中，有意使用了英文中已有的 Pagoda 一词而不用汉字音译为 t'a。这是因为，在一切欧洲语言里，都采用这个词作为这种建筑物的名称，它已经被收入几乎所有欧洲语种的字典中，作为中国塔的名称。这一事实，也可能反映了当西方人开始同中国接触时，八角塔在中国已多么流行。

单层塔

在古拙时期风行一时的单层塔到了唐末以后已日趋罕见。仅存的 12 世纪以后的几例，平面都作方形。这种石室式的塔都筑于须弥座上，这种做法为唐代所未见。塔上的入口过去直通塔内，现在都做成了门，上有成排门钉及铺首。这类典型墓塔实例有河南嵩山少林寺中的普通禅师塔（1121 年）〔宋宣和三年〕，行均禅师塔（926 年）〔后唐天成元年〕（图 64f）和西堂禅师塔（1157年）〔金正隆二年，原文年代有误〕。[1]

---

[1]　1984 年英文版将年代记作"1167"——本版次编辑者补注

多层塔

当单层塔逐渐消失的时候，高塔也在发生变化。八角形的平面已成为常规，而方形的倒成了例外。原来在塔的内部被用来分隔和联通各层的木质楼板和楼梯已被砖石所取代。最初匠师们的胆子还小，他们把塔造得如同一座实心砖墩，里面只有狭窄的通道作为走廊和楼梯。但在艺高胆大之后，他们的这种砖砌建筑便日趋轻巧，各层的走廊越来越宽，最后竟成为一栋有一个砖砌塔心和与之半脱离的一圈外壳的建筑物，两者之间仅以发券或叠涩砌成的楼面相连。

这时期的多层塔又可分为两个子型，即仿木构式和无柱式，前者还可再分为北宗辽式和南宗宋式。

辽式仿木结构可以说是山西应县佛宫寺塔（1056）〔辽清宁二年〕，即中国现存唯一的一座木塔（图 31）的砖构仿制品。在河北的典型实例有建于 1090 年〔辽大安八年〕的涿县双塔〔即云居寺塔（俗称北塔）及智度寺塔（俗称南塔），原文及附图英文标题均有误，译文已改正〕（图 67b，c）和易县的千佛塔（图 67a）。

此外，在热河〔今内蒙古自治区〕、辽宁等地也有若干遗例。它们对于木塔的忠实模仿一望可知，其比例上的唯一区别仅在于因材料所限而出檐较浅。

河北正定县广惠寺华塔属于仿木结构，因其外形华丽而得名，并成为孤例（图 67d，e）。这是一座八角形砖砌结构，平面布局多变，组合奇妙；其外表模仿木构，塔的上部有一个装饰非常奇特的高大圆锥体；底层四角有四座六角形单层塔相连。这一奇异布局可能是由房山县云居寺塔群变化而来。华塔建筑的确切年代已不可考，但从其所仿木构的特征来看，当是 12 世纪末或 13 世纪初的遗物。

北方仿木构式塔的另一个罕见的例子是房山云居寺北塔中央的主塔（图 67f）。其四角有较早的唐代小石塔围绕。这座塔只有两层，显然是应县木塔类型的一个未完成的作品。塔顶为一巨型窣堵坡，有一个半球形的塔肚子和一个庞大圆锥形的"颈"〔十三天〕。塔的下面两层无疑是辽代所建，但上部建筑的年代可能稍晚。

图 67
华北地区仿木结构式多层塔
Multi-storied Pagodas of the Timber-
frame Subtybe, North China

图 67a
河北易县千佛塔（已毁于抗日战争时期）
Ch'ien-fo T'a, I Hsien, Hopei

图 67b

河北涿县云居寺塔细部
Detail of North Pagoda, Yun-chu Ssu,
Cho Hsien

图 67c

涿县云居寺塔
North Pagoda of the twin Pagodas of
Yun-chu Ssu, Cho Hsien, Hopei, 1090

南宋仿木构式塔在长江下游十分普遍。最早实例为浙江杭州的三座小型石塔和闸口火车站院内的白塔。它们通高约 13 英尺〔约 4 米〕，实际是塔形的经幢。其雕饰十分精美，无疑是对当时木构的忠实模仿。

南方型真正的塔的实例有江苏苏州〔吴县〕罗汉院的双塔（982 年）〔北宋太平兴国七年〕和虎丘塔（图 68c–g）。与同期的北方型相比，它们在通体比例上显然较为纤细。这一特点由于塔顶有细长的金属刹，而塔下又没有高的须弥座而显得更为突出。从细部上看，这类塔的柱较短，但柱身卷杀微弱；斗栱较简单，第一跳偷心，又不用斜栱。在层数不多的叠涩檐内，用菱角牙子以象征椽头。因而出檐很浅，使塔在轮廓上迥然不同于北方型。

福建省晋江〔泉州市〕的镇国寺和仁寿塔（1228—1247 年）〔南宋理宗朝〕是南方仿木构式的石塔，他们模仿木构形式极为忠实。由于这类塔几乎全系砖构，这两座石塔便成了难得的实例。

无柱式即立面不用柱的塔主要是北宋形制。其遗例大多在河南、河北、山东诸省，其他地区较少见。这类塔的特点是墙上完全无倚柱，但常用斗栱。有些例子以砖砌叠涩出檐。斗栱不一定分朵，而常是排成一行，成为檐下一条明暗起伏相间的带。在大多数情况下，墙的上方都隐出阑额以承斗栱。

图 68
华南仿木构式多层塔
Multi-storied Pagodas of the Timber-frame
Subtype, South China

图 68a
浙江杭州灵隐寺双石塔，建于 960 年（刘致平摄于 1934 年）
Twin Pagodas, Ling-yin Ssu, Hangchow,
Chekiang, 960

图 68b
灵隐寺双石塔细部（刘致平 摄于 1934 年）
Detail of one Twin Pagoda, Ling-yin Ssu

图 68c

江苏吴县罗汉院双塔 渲染图

Twin Pagodas, Lo-han Yuan, Soochow, kiangsu, 982, rendering

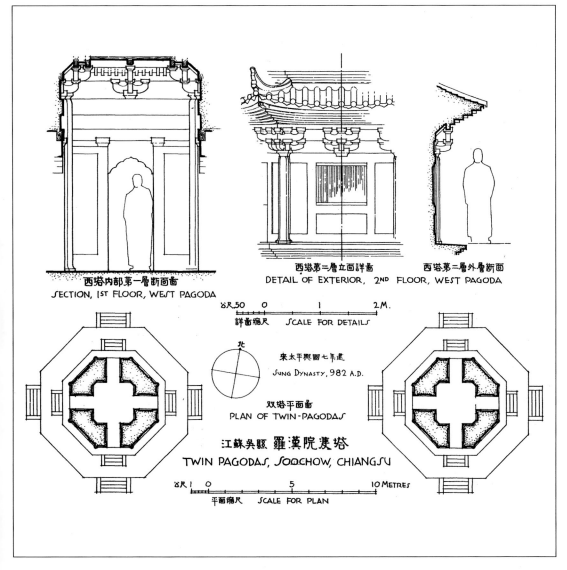

西塔内部第一层断面图
SECTION, 1ST FLOOR, WEST PAGODA

西塔第二层立面详图
DETAIL OF EXTERIOR, 2ND FLOOR, WEST PAGODA

西塔第二层外层断面

尺 50　0　　　　1　　　　2M.
详图缩尺　SCALE FOR DETAILS

北

宋太平兴国七年建
SUNG DYNASTY, 982 A.D.

双塔平面图
PLAN OF TWIN-PAGODAS

江苏吴县 罗汉院双塔
TWIN PAGODAS, SOOCHOW, CHIANGSU

尺 1　0　　　　　5　　　　　10 METRES
平面缩尺　SCALE FOR PLAN

图 68d
罗汉院双塔平面、断面及详图
Twin Pagodas, Lo-han Yuan, plans, section, and details

图 68e
罗汉院双塔之一细部（刘敦桢 摄于 1935 年）
Detail of one Twin Pagoda, Lo-han Yuan

147

图 68f
江苏吴县虎丘塔（此照片摄于 1970 年代）
Tiger Hill Pagoda, Soochow, Kiangsu

图 68g
虎丘塔细部（刘敦桢 摄于 1935 年）
Detail of Tiger Hill Pagoda

山东长清县灵岩寺辟支塔（图 69a）与河南修武县胜果寺塔是这种砌有斗栱的无柱式塔的两个实例，均建于 11 世纪晚期。河北定县开元寺的料敌塔（1001 年）[校注六] 则是叠涩出檐的一个精彩典型（图 69b）。这座塔的东北一侧已完全坍毁[校注七]，从而将其内部构造完全暴露在外，好似专为研究中国建筑的学生准备的一具断面模型（图 69c）。这类塔在西南地区也可见到，如四川省大足县报恩寺白塔（约 1155 年）〔南宋绍兴年间〕和泸县的塔等。

从宋代起，开始使用琉璃砖作为塔的面砖。河南开封市祐国寺（1041 年）〔宋庆历元年〕[校注八] 的所谓"铁塔"就是华北地区著名的一个实例（图 69d，e），塔为多层，转角处略微隐起倚柱，通体敷以琉璃砖，其色如铁，因而得此俗名。

其实，真正的铁塔在宋代也是有的。这种塔一般都很小，体形高瘦，这是其制作材料——铸铁所使然。这种微型塔与杭州石塔一样，实际上是一种塔形经幢，其遗例可见于湖北当阳玉泉寺和山东济宁。

［校注六］　北宋咸平四年，此处原文所注系真宗下诏建塔年份，而塔建成年份为仁宗至和二年（1055），参见《梁思成文集》（三）155 页。——孙增蕃校注

［校注七］　此处原文及图注所述方向有误，译文根据作者所著《中国建筑史》改正，见《梁思成文集》（三）。——孙增蕃校注

［校注八］　根据最近资料，该寺实建于 1049 年，即宋皇祐元年。——孙增蕃校注

图 69
无柱式多层塔
Multi-storied Pagodas of the Astylar Subtype

图 69a
山东长清灵岩寺辟支塔　11 世纪晚期
P'i-chih T'a, Ling-yen Ssu, Ch'amg-ch'ing, Shantung, late eleventh century

图 69b
河北定县开元寺料敌塔　1001 年
Liao-ti T'a, K'ai-yuan Ssu, Ting Hsien, Hopei, 1001

图69c

料敌塔西北侧（应为东北侧——陈明达批注）

Northwest side of Liao-ti T'a

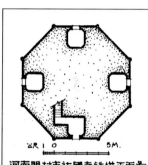

河南開封市祐國寺鐵塔平面圖
PLAN OF "IRON PAGODA"
YIU-KUO SSU, K'AI-FENG, HONAN

图69d

河南开封祐国寺铁塔，建于 1049 年

The "Iron Pagoda", Yu-kuo Ssu, K'aifeng, Honan, 1049

图69e

祐国寺铁塔平面

"Iron Pagoda", Plan

密檐塔

唐亡之后，密檐塔仅见于辽、金统治地区，也是今天华北地区最常见的一种塔型。由于模仿木构，此时的这类塔与其古拙时期的先型相比，已大为改观。除少数罕见的例外，它们为八角形平面，但结构上已是实心砌筑而无法登临了。塔的下面无例外地都有一个很高的须弥座，再下又常筑有一个低而广的台基。主层转角处有倚柱，墙上隐起阑额和假门窗。各层出檐常以逼真的砖砌斗栱支承，但用叠涩出檐的也很常见。有时两种做法并用，遇此则只限于最下一层檐用斗栱。

图70
密檐塔
Multi-eaved Pagodas

图70a
北京天宁寺塔，建于 11 世纪
T'ien-ning Ssu T'a, Peking, eleventh century

这类塔最著名的一例是北京的天宁寺塔（图70a）。在其须弥座之上还有一层莲瓣形平座。塔上假门两侧有金刚像，假窗两侧则有菩萨像。塔建于 11 世纪，后世曾任意重修。

河北易县泰宁寺塔则是叠涩出檐的一个很好的实例〔已于 1960 年左右坍毁〕。河北正定县临济寺青塔（1185 年）〔金大定二十五年〕也属于这个类型，但规模较小；而赵县柏林寺（1228 年）〔建于金正大五年〕真际禅师墓塔也与此大同小异，唯每层檐下有一矮层楼面（图70b）。这与一般制式不同，也可能是密檐与多层塔之间的一种折中类型。

这一时期的密檐塔有时仍保留古拙时期的某些传统，如采用方形平面，可能建于 13 世纪的辽宁朝阳县凤凰山大塔便是一例。河南洛阳市近郊的白马寺塔（图70c），建于 1175 年〔金大定十五年〕。这也是一座方形塔，上有十三层檐。这种平面和全塔的比例显然仍有唐风。但这座塔是实心的，下面并有须弥座，这两种做法又是前代所没有的。

另外一个例子是建于 1102–1109 年〔宋崇宁、大观间〕的四川宜宾旧州坝白塔。如果仅看其外形，此塔直与唐塔无异，但其内部布局——连续的通道和楼梯环绕中心方室盘旋而上，则是这一时期的特征（图70d）。

在西南各省，唐式方塔很多。特别是在云南省，直到清代还在建造这种形式的塔。

图 70b

河北赵县柏林寺真际禅师塔，
建于 1228 年
Tomb Pagoda of Chen-chi, Po-lin Ssu,
Chao Hsien, Hopei, 1228

图 70c

河南洛阳近郊白马寺塔，
建于 1175 年
Pai-ma Ssu T'a, near Loyang, Honan,
1175

图 70d

四川宜宾白塔平面及立面图
Pai T'a, I-pin, Szechuan, ca.1102—
1109, plan and elevation

四川宜賓縣舊卅壩白塔　宋崇寧大觀間建

前面立面圖 FRONT ELEVATION

下層平面圖 GROUND FLOOR PLAN

PAGODA AT CHIU-CHOU-PA,
YI-PIN, SZECHUAN
SUNG DYNASTY 1102-09 A.D.

经幢

经幢是一种独特的佛教纪念物，始见于唐代而盛于本时期。它又可称为经塔，视其与真塔区别大小而定。从建筑意味上说，这类纪念物彼此差异很大。最简单的一种是一根八角石柱，竖于一个须弥座上，柱端覆以伞盖；最复杂的一种则近似于一座小规模的、真正的塔。

建于857年〔唐大中十一年〕的山西五台山佛光寺大殿前的刻有施主宁公遇姓名的经幢（图71a），是简式经幢的一个典型。约建于12世纪的河北行唐县封崇寺经幢则是宋、金时代大量经幢中最具代表性的一种。现存经幢中最大的一座位于河北赵县（图71b），它雕饰精美，比例优雅，为宋初即11世纪所建。云南昆明地藏庵内建于13世纪的经幢也是一个有趣的实例。该幢看来更近于一具石雕，而不是一个建筑物。

在宋代灭亡之后，这种纪念性建筑似已不再流行了。

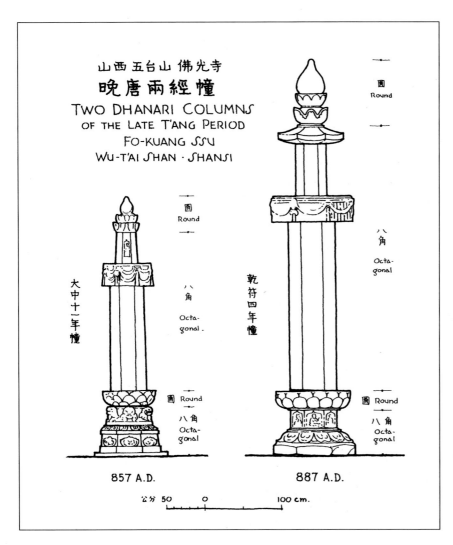

山西五台山 佛光寺
晚唐兩經幢
TWO DHANARI COLUMNS
OF THE LATE T'ANG PERIOD
FO-KUANG SSU
WU-T'AI SHAN · SHANSI

圆 Round

八角 Octagonal

乾符四年幢

圆 Round

八角 Octagonal

大中十一年幢

圆 Round

八角 Octagonal

圆 Round

八角 Octagonal

857 A.D.

887 A.D.

公分 50   0   100 cm.

图71
经幢
Dhanari Columns

图71a
山西五台山佛光寺晚唐两经幢立面图
Dhanari column, Fo-kuang Ssu, 857

154

图71b
河北赵县经幢，建于宋初
Dhanari column, Chao Hsien, Hopei,
early Sung dynasty

杂变时期（约公元 1280—1912 年）

从 1279 年元朝建国开始，到 1912 年清朝覆亡，可称为塔的杂变时期。其第一个变化是，随着蒙古民族入主中原，喇嘛教也开始流传，于是瓶状塔（即西藏化的印度窣堵坡）突然大为流行。这种类型早在三个世纪前已在佛光寺塔上露其端倪；在金代，它作为僧人墓塔，也曾有过许多变种，最后到了元代，终于成为定制。

这一时期的第二个创新，是成形于明代的金刚宝座塔。其特点是筑五塔于一座高台之上。同样，这种形式也早有其先河，即 8 世纪初的北京房山县云居寺五塔（图 66k），但其后七百余年间，它却处于休眠状态。直到 15 世纪晚期才得复苏。尽管这种塔型在全国并不普遍，但现存实例已足可构成一种单独的类型。

明清两代还有大量惯例形式的塔，此时建塔已不纯系事佛，而常常是为了风水。这种迷信认为自然界的因素，特别是地形和方向，会影响人们的命运，因而建塔以弥补风水上的缺陷。最常见的是文峰塔，即保佑科举考试交好运的塔。在南方诸省，此类塔甚多，大半筑于城南或城东南高处。

多层塔

自 1234 年金亡之后，密檐塔突然不再流行，而被多层塔所取代。在明代，这类塔的特点是塔身更趋修长，而各层更形低矮。在外形上，塔身中段不再凸出较少卷杀，通体常呈直线形，收分僵直；屋檐的比例比原来木构小得多，出檐很浅，而斗栱纤细甚至取消，使屋檐沦为箍状。这类塔实例很多。陕西泾阳县的塔建于 16 世纪初，还保有上代遗风中不少特点；而建于 1549 年〔明嘉靖二十八年〕的山西汾阳县灵严寺塔，则是一座典型的明代塔。山西太原永祚寺双塔建于 1595 年〔明万历二十三年〕（图 72a），其出檐较远，塔的外观由于檐下较深的阴影而比一般的明代塔显得明暗对比更强烈。

　　建于 1515 年〔明正德十年〕的山西赵城县〔今洪洞县〕广胜寺飞虹塔（图 72b）是一个特例。塔共十三层，塔身逐层收分甚骤，毫无卷杀，形成一座比例拙劣的八角椎体。尤为拙劣的是，在其底层周围，环有一圈过宽的木构回廊。塔的外面以黄绿两色琉璃砖瓦赘饰，各层出檐则交替地以斗栱和莲瓣承托。在结构上，全塔实际上是一座实心砖墩，仅有一道楼梯盘旋而上。后者的结构颇有独到之处，全梯竟无一处供回转的平台（图 72c）。

　　山西临汾县大云寺方塔（图 72d）大体也属这个类型，其外观也同样不佳。此塔建于 1651 年〔清顺治八年〕，共五层，上更立八角形顶一层，是刹的一个最新奇变体。底层内有一尊巨大的佛头像，约高 20 英尺〔6 米许〕，直接置于地上。这种做法犹如放置此像的塔的设计一样，全然不合常规。

　　在清代的多层塔中，还有几处值得一提。山西新绛县的塔属于无柱式。虽然大体承袭前代传统，但卷杀过分，成为穗形。山西太原市近郊晋祠奉圣寺塔，属于北方仿木构式，外形优美，有辽塔之风（图 72e）。浙江金华市的北塔（图 72f）则是南方仿木构式的代表作。

图 72
杂变时期的多层塔
Period of Variety: Multi-storied Pagodas

图 72a
山西太原永祚寺双塔，建于 1595 年
Twin Pagodas, Yung-chao Ssu, Taiyuan, Shansi, 1595

图 72b
山西洪洞广胜寺飞虹塔，
建于 1515 年
Fei-hung T'a, Kuang-sheng Ssu, Chao-ch'eng, Shansi, 1515

图 72c
飞虹塔梯级断面图
Fei-hung T'a, section through stairway

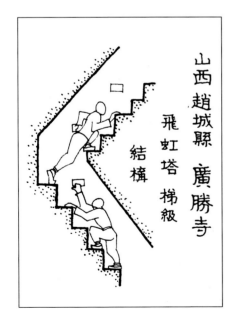

山西趙城縣 廣勝寺
飛虹塔 梯級
結構

图 72d
山西临汾大云寺方塔，建于 1651 年
Square Pagoda，Ta-yun Ssu, Lin-fen, Shansi, 1651

图 72e
山西太原晋祠奉圣寺塔
Feng-sheng Ssu T'a, Chin-tz'u, Taiyuan, Shansi

图 72f
浙江金华北塔，建于清代（梁思成 摄于 1934 年）
Pei T'a, Chin-hua, Chekiang, Ch'ing dynasty

密檐塔

自金灭亡之后，密檐塔遂不兴。北京的两对双塔，规模都较小，且虽原建于元，却在清代几乎全部经过重建。除此而外，目前所见唯一的"足尺"元代密檐塔是河南安阳市天宁寺塔（图73c）[校注九]，这座塔有五重檐、五层。就其现状而言，像法国的许多哥特式大教堂的塔楼一样，显然是个未完成的作品。它与河北赵县柏林寺真际塔相似，每层檐下有一个非常矮的楼层。因此，严格地说，它并不是个密檐塔，而只是在总的外观上看来如此。塔顶的刹采用了清代典型的喇嘛塔。主层立面仿木构细部非常逼真地反映了当时的木构造。这座塔的平面布局也与其外观一样不同寻常，因为它不像辽、金的类似建筑那样是实心的。除在其底层内室四周筑有楼梯外，上部各层则为筒状结构，有如唐塔。这种平面在唐以后是很少见的。

尽管"足尺"的密檐塔在元代已不行时，却常有小型的塔建于墓地。典型实例如河北省邢台市的弘慈博化大士墓塔和虚照禅师墓塔（约1290年）〔元朝初年〕。后者为六角形，上面覆以一座半球形窣堵坡（图73b）。地处西南边陲的云南省，受中原文化影响一般较迟，因此直到元代仍在建造密檐塔，但多依唐制，平面为方形，叠涩出檐。

明代留存的唯一一座密檐塔是北京八里庄慈寿寺塔（图73a）。塔建于1578年〔万历六年〕，其造型显然曾深受附近的天宁寺塔（图70a）的影响，整体比例近于辽制。但在细节上，它又明显具有明代晚期风格，如须弥座各层出入减少，塔身低矮，券窗，双层阑额以及较小的斗栱等。

北京玉泉山塔，建于18世纪，是一座小型园林建筑。这是清代的一个有趣的创新，可说是多层与密檐的结合型，共三层，一、二层各有两重檐，第三层则有三重檐，看起来很别致。其平面虽是八角形，但并不等边，严格地说是削去四角的正方形。全塔以琉璃饰面，立面忠实地模仿了木构建筑。

[校注九] 原著为图73a, 应为图73c, 译文已改正，并附勘误。——孙增蕃校注

图 73

杂变时期的密檐塔

Period of Variety: Multi-eaved Pagodas

图 73a

北京八里庄慈寿寺塔（原文误河南安阳天宁寺塔）

Tz'u-shou Ssu T'a, Pa-li-chuang, Peking, 1578

图 73b

河北邢台虚照禅师墓塔，约建于
1290 年
Tomb Pagoda of Hsu-chao, Hsing-t'ai,
Hopei, ca.1290

图 73c

河南安阳天宁寺塔（原文误为北京八
里庄慈寿寺塔，原图亦改换。——孙
增藩校注。又，"《梁思成全集》第八
卷版次"因故未能替换，现以正确照
片替换——本版次编辑者补注）
T'ien-ning Ssu T'a, Anyang, Honan

喇嘛塔

如前所述，建于 10 世纪晚期的山西五台山佛光寺的半球形墓曾是喇嘛塔的先驱。其后，金代的一些墓塔也采用过这一形式；但直到元代，才正式成为雄伟建筑物的一种形制。此时，它又出现了一些新的形式，即在一个高台上筑一座瓶状建筑；台基一般为单层或双层须弥座，平面呈亚字形，台上有塔肚子和瓶颈状的"十三天"，再上则冠以宝盖。

北京妙应寺白塔可说是这类塔的鼻祖（图 74a）。它是 1271 年〔至元八年〕根据元世祖忽必烈的敕令修建的。他有意拆毁了原有的一座辽塔，以便在其原址上另建此塔。与后来的同类塔相比，这座塔的比例肥短，塔肚子外侧轮廓线几乎垂直，而十三天则是一个截头圆锥体。

山西省五台山塔院寺塔（1577 年）〔万历五年〕，是明代瓶状塔的一个显著例子（图 74b）。它的塔肚底部略向内收，而十三天的上部却增大了。总的看来，显得比上述白塔苗条一些。

山西代县善果寺塔也建于明代，但确实年代已无考。这座塔的须弥座呈圆形，与塔身的比例比通常大得多，造型简洁有力，上层须弥座的束腰收缩较多。它的塔肚轮廓柔和，十三天的底部又有一圈须弥座。塔形通观稳重雅致，可以说是中国现存瓶状塔中比例最好的一座。

此后，喇嘛塔在比例上日趋苗条，特别是其十三天。这种趋势的两个实例是北京北海公园内的永安寺白塔（1651 年）〔清顺治八年〕（图 74c）和距北京西山的围场园子——香山静宜园不远的法海寺遗址拱门石台上的喇嘛塔（1660 年）〔清顺治十七年〕。两者虽然规模悬殊，通体比例却几无二致。它们的须弥座都简化为一层，座上塔肚以下的部分加高了，以代替过去的凹凸线道，而在法海寺则成为另一阶级形的座，与下面的须弥座形状略似。塔肚上设龛，现在已成为定制。十三天收分极少，几乎成为圆柱形，与塔肚相较，比例上甚显细瘦。

辽宁沈阳附近地区也有几座同类型的塔，都属清初遗物。其特点是底座和塔肚特别宽大。这类塔的许多变型常可见于寺庙院内，多由青铜铸成，体形很小。以山西五台山显庆寺大殿前的诸塔为其代表。

图 74
杂变时期的喇嘛塔
Period of Variety: Lamaist Stupas

图 74a
北京妙应寺白塔　建于 1271 年
Pai T'a, Miao-ying Ssu, Peking, 1271

图 74b
山西五台山塔院寺塔　建于 1577 年
T'a-yuan Ssu T'a, Wu-t'ai Shan, Shansi, 1577

图 74c
北京北海公园白塔　建于 1651 年
Pai T'a, Yung-an Ssu, Pei Hai (North Lake) Park, Peking, 1651

金刚宝座塔

　　明代在筑塔方面的重要贡献之一，是确立了金刚宝座塔这种塔型。其特征是五塔同筑于一个台基之上。其先型曾见于北京房山县云居寺诸塔（711—727年）[校注一〇]（图66k）。其后就是山东历城县柳埠村[校注一一]的九塔寺塔，建于唐中叶，约770年，是这类塔中一个更加华丽的实例，竟集九座小型的密檐方塔于一座八角形单层塔之上。在金代，这种构思又演变出河北正定县华塔这种怪异的形式（图67d）。然而，作为一种塔型的确立，以云南昆明市近郊妙湛寺塔为其标志，则是明天顺年间（1457—1464年）的事了。这是一个台基上的五座喇嘛塔，其十三天修长，略作卷杀，为喇嘛塔中所仅见；而在塔肚上设龛，在当时也极少有。台基下有十字形券道，但不通塔上。

　　这类塔中最重要的一例是北京西郊大正觉寺〔俗称五塔寺〕的金刚宝座塔（图75a）。这座塔建于1473年〔明成化九年〕，台基划为五层，周围各有出檐，看去如同西藏寺庙。南面有拱门，内有梯级通往台顶，台上有密檐方塔五座，正前方小亭一座，成为梯级的出口处。

　　北京西山〔香山〕碧云寺金刚宝座塔是另一重要实例（图75b，c）。在这组建于1747年〔清乾隆十二年〕的塔中，五塔寺的那种布局更趋复杂。在五座密檐方塔之前，又增加了两座瓶形塔，两塔间稍后处的小亭本身又成为小型台基，上面再重复了五塔的布置。整组塔群耸立于两层毛石高台之上。

　　北京城北黄寺的群塔，规模较前述各塔要小得多。中央的喇嘛塔形状奇特，角上的四塔则为八角多层式。塔座和下面的台基都很矮。塔前还有一座牌楼。

[校注一〇] 原文后一部分误，译文已改正，参见图63。——孙增蕃校注

[校注一一] 原文地点误，译文已改正。——孙增蕃校注

图 75
杂变时期的五台一塔
Period of Variety: Five-pagoda Clusters

图 75a
北京大正觉寺即五塔寺塔，建于 1473 年
Wu T'a Ssu (Five-pagoda Temple), Cheng-chueh Ssu, Peking, 1473

图 75b
北京碧云寺金刚宝座塔，建于 1747 年
Chin-kang Pao-tso T'a, Pi-yun Ssu, Peking, 1747

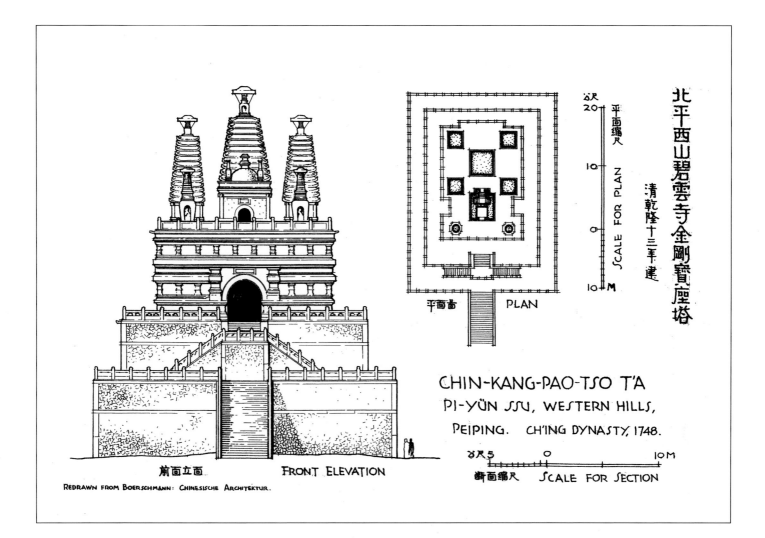

北平西山碧雲寺金剛寶座塔

清乾隆十三年建

PLAN　平面圖

SCALE FOR PLAN　平面縮尺

CHIN-KANG-PAO-TSO T'A
PI-YÜN SSU, WESTERN HILLS,
PEIPING.　CH'ING DYNASTY, 1748.

SCALE FOR SECTION　斷面縮尺

FRONT ELEVATION　前面立面

REDRAWN FROM BOERSCHMANN: CHINESISCHE ARCHITEKTUR.

图 75c
碧云寺金刚宝座塔平面及立面图
Pi-yun Ssu, plan and elevation

其他砖石建筑

中国的匠师对于以砖石作为常用的主要结构材料这一点，一直是不甚了解的。砖石或被用于与日常生活关系不太密切的地方，如城墙、围墙、桥涵、城门、陵墓等，或被用于次要的地方，如木构房屋的非承重墙、窗台以下的槛墙，等等。所以，砖石结构在中国建筑中与在欧洲建筑中的地位是无法相提并论的。

陵墓

现存最古老的券顶结构是汉代的砖墓，其数量极大。这种地下构筑物从未以建筑手法来修建，因而从建筑学的角度来看，其意义不大。在地面上，墓前通常有一条大道，入口处有一对阙，然后是石人、石兽，最后是陵前的享殿。在这里，只有阙和享殿具有建筑上的意义，而那些石雕，对于学雕塑的学生比学建筑的学生更为重要。至于六朝和唐代的陵墓，由于只剩下了石雕，我们就更不感兴趣了。

在四川宜宾和南溪附近，曾偶然发现了几座 12 世纪的坟墓。它们显示出南宋时期在坟墓中采用了高度的建筑处理手法。这些用琢石砌筑的墓室虽然不大，许多地方却竭力模仿当时的木构建筑。正对入门的一端无例外的是两扇半掩着的门，门后半露出一个女子形象（图 76a）。这种类型的墓在中国其他地区尚未见到，它是否仅为本地区所特有，尚待研究。

明、清两代陵墓，遗例很多。其中最重要的是皇帝的陵墓。这种陵墓的地上建筑主要是陵前的一座座殿堂，因此，把这样的建筑群称为"陵寝"，倒也恰如其分。其唯一不同之处，是在地宫的入口处筑有方城一座，城上建有明楼。位于河北〔北京市〕昌平县的明永乐长陵是河北省内昌平县〔明十三陵〕、易县〔清西陵〕和兴隆县〔清东陵〕三处皇陵中最宏伟的一座（图 76b，c）。

易县清嘉庆昌陵（1820 年）〔嘉庆二十五年〕是地下宫殿的典型实例。〔北京明十三陵定陵发掘于本书成稿后 10 年——译注〕在方城下面，有一条隧道通往一连串的罩门、明堂和穿堂，

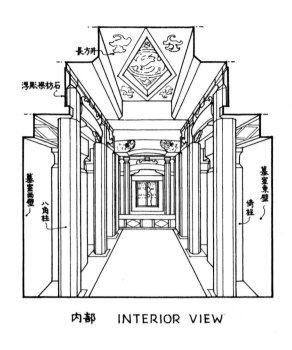

四川宜宾·無名墓 南宋孝宗朝(?)建

长方井
浮雕墁枋石
墓室南壁
八角柱
墓室东壁
倚柱

内部 INTERIOR VIEW

平面 PLAN

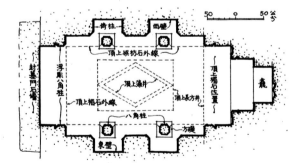

倚柱 西壁
顶上墁枋石外線
浮雕八角柱
顶上藻井
封墓门石墙
顶上揭石位置
顶上揭石外線
顶上长方井
八角柱
東壁 方磉
龕

50 0 50公分

AN UNIDENTIFIED TOMB C. 1170
I-PIN SZECHUAN

最后到达金券，即安放皇帝棺椁之处。这些券顶地宫都以雕花白石砌筑。一般还以黄琉璃瓦盖顶，与地上建筑无异，只不过上面覆以三合夯土，形成宝顶而已。有些陵墓未用瓦顶，多系承前帝遗旨，以示其节俭之德。世袭了数百年的清宫样式房雷氏家中所藏的档案，更确切地说是故纸堆中的图样，提供了有关这些地宫的宝贵资料（图76d）。

图 76
陵墓
Tombs

图 76a
四川宜宾无名墓，约建于 1170 年
Unidentified tomb, I-bin, Szechuan,
ca, 1170

图 76b

北京明长陵方城及明楼

Tomb of Ming emperor Yung-lo,
Ch'ang-p'ing, Hopei, 1415, showing
"radiant tower"(*ming-lou*) set on "square
bastion" (*fang-ch'eng*)

图 76c

明长陵总平面图

Yung-lo's tomb, plan

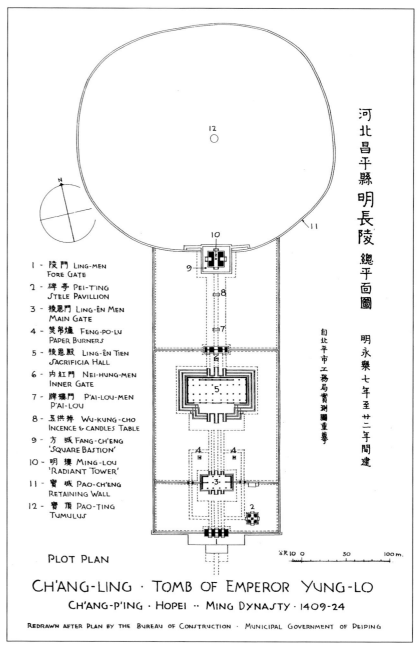

1 - 陵門 LING-MEN
　　FORE GATE
2 - 碑亭 PEI-T'ING
　　STELE PAVILLION
3 - 祾恩門 LING-ÊN MEN
　　MAIN GATE
4 - 焚帛爐 FENG-PO-LU
　　PAPER BURNERS
5 - 祾恩殿 LING-ÊN TIEN
　　SACRIFICIA HALL
6 - 内紅門 NEI-HUNG-MEN
　　INNER GATE
7 - 牌樓門 P'AI-LOU-MEN
　　P'AI-LOU
8 - 五供棹 WU-KUNG-CHO
　　INCENCE & CANDLES TABLE
9 - 方城 FANG-CH'ENG
　　'SQUARE BASTION'
10 - 明樓 MING-LOU
　　'RADIANT TOWER'
11 - 寶城 PAO-CH'ENG
　　RETAINING WALL
12 - 寶頂 PAO-TING
　　TUMULUS

河北昌平縣 明長陵 總平面圖
明永樂七年至廿二年間建

自北平市工務局實測圖重摹

PLOT PLAN

'8R 10 0　　　50　　　100 m.

CH'ANG-LING · TOMB OF EMPEROR YUNG-LO
CH'ANG-P'ING · HOPEI ·· MING DYNASTY · 1409-24
REDRAWN AFTER PLAN BY THE BUREAU OF CONSTRUCTION · MUNICIPAL GOVERNMENT OF PEIPING

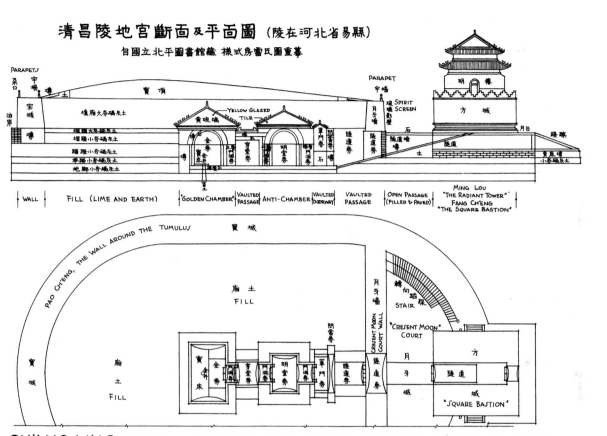

清昌陵地宮斷面及平面圖 （陵在河北省易縣）

自國立北平圖書館藏 樣式房雷氏圖重摹

CH'ANG LING, TOMB OF EMPEROR CHIA-CH'ING, 1796-1820, CH'ING DYNASTY
PLAN AND SECTION OF SUBTERRANEAN TOMB CHAMBERS, REDRAWN AFTER ORIGINAL DRAWINGS
BY THE LEI FAMILY, HEREDITARY OFFICIAL ARCHITECTURAL DESIGNERS. (COLLECTION, NATIONAL PEIPING LIBRARY).

图 76d

清昌陵地宫断面及平面图

Tomb of Ch'ing emperor Chia-ch'ing, I Hsien, Hopei, 1820, site plan and elevation

券顶建筑

在中国，除山西省外，全部以砖石砌成的地上建筑是极少见的。山西省常见的民居是券顶窑居，一般有三至七个筒形券顶并列，各券之间以门孔相通，券顶的截面成椭圆或抛物线形，敞开的一端在槛墙上装窗。券肩填土以形成平顶，可从室外梯级攀登。

寺庙的大殿有时也用券顶结构，称为无梁殿。建于1597年〔明万历二十五年〕的山西太原永祚寺，即双塔所在，是其中最好的实例（图77a，b）。这座殿的券顶是纵向的，门窗孔与山西一般的民居相似，但外面有柱、额、斗栱等的处理。类似的建筑物在山西五台山显通寺内和江苏苏州都可见到（图77c，d）。

在明代中叶以前，还没有将砖筑券顶建筑的外表模仿成一般木构殿堂的做法，虽然在砖塔上已很常见。这与欧洲文艺复兴时期的建筑采用希腊、罗马时代古典柱式的做法相仿。值得一提的是，当1587年〔万历十五年〕利玛窦到达南京，耶稣会开始对中国文化发生影响时，山西原有的券顶窑居已经为这种形式的建筑的发展提供了一个很充分的基础。耶稣会传教士到达中国，与无梁殿在中国的出现恰好同时，这也许并非巧合。

北京郊区还有几座清代的无梁殿（图77e），都比山西所见明代遗构要大得多。它们外观无柱，仿佛藏在厚重的墙内，而只以琉璃砖砌出柱头上的额枋和斗栱。目前还不了解，为什么这种宏伟壮观的建筑未能普及。

图 77

无梁殿
Vaulted "beamless halls" (*wu-liang tien*)

图 77a

山西太原永祚寺，建于 1597 年
Yung-chao Ssu, T'aiyuan, Shansi, 1597

图 77b

永祚寺砖殿平面图
Yung-chao Ssu, plan

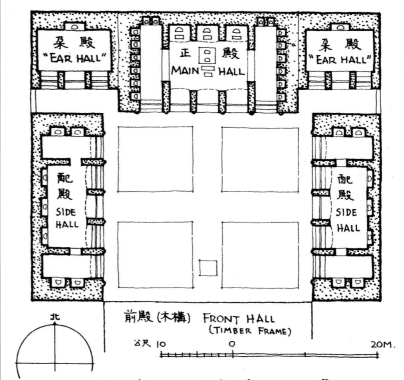

山西太原永祚寺磚殿平面畫
YUNG-CHAO SSU, T'AI-YUAN, SHANSI, PLAN OF BRICK
VAULTED HALLS. 明萬曆二十五年建. A.D. 1597.

图 77c
江苏苏州开元寺无梁殿
K'ai-yuan Ssu, Soochow, Kiangsu

图 77d
开元寺无梁殿内藻井
K'ai-yuan Ssu, interior detail of vaulting

图 77e
北京西山无梁殿，建于 18 世纪
Beamless hall, Western Hills, Peking,
eighteenth century

桥

中国最古老的桥是木桥，河面宽时则用浮桥。文献中关于拱桥的记载最早见于 4 世纪。

中国现存最古老的拱桥是河北赵县近郊的安济桥，俗称"大石桥"（图 78a，b）。这是一座单孔〔空撞券〕桥，在弧形主券两肩又各有两个小撞券。从露出河床上的两点算，其跨度为 115 英尺〔35 米〕，但加上埋入两岸土中部分，其净跨应大于此数。当年我们曾在桥墩处发掘，试图寻找其起拱点，但由于河床下 2 米左右即见水而未能成功〔后经实测，起拱点之间的净跨为 37.47 米——译注〕。

这座桥是隋朝（581—618 年）建筑大匠李春的作品。主券由 28 道独立石券并列组成。这位匠师显然深知各道券有向外离散的危险，所以将桥面部分造得略窄于下端，从而使各道石券都略向内倾，以克服其离心倾向。然而，他的预见和智慧未能完全经受住时间和自然的考验，西侧的五券终于在 16 世纪坍毁〔不久即修复〕，而东侧的三券也在 18 世纪坍倒。

赵县西门外还有一座式样相同，但规模较小的桥，人称"小石桥"〔永通桥〕（图 78c），是 1190—1195 年〔金明昌年间〕由匠师褒钱而所建[校注一二]，显然是模仿"大石桥"，但长度只略过后者的一半。这座桥的栏杆修于 1507 年〔明正德二年〕，它与早期的木构栏杆十分接近，是从早期仿木构式演化为明清流行式的一个过渡，因此是一个值得注意的实例。栏杆下部华版的浮雕图案亦很有趣。

同宫室一样，清代的桥在设计上也标准化了（图 78d）。北京附近有许多这种官式桥，其中最著名的就是卢沟桥，西方称为"马可·波罗桥"。这座桥原建于 12 世纪末，即金明昌年间，后毁于大水。现存的这座十一孔，全长约 1000 英尺〔实测 266.5 米〕的桥是 18 世纪重修的。这就

〔校注一二〕 建造永通桥的匠师姓名已失传，原文及图 78c 注字均误译。按《畿辅通志》中有 "赵人敛钱而建" 一语，
意为赵县人民集资兴建，该图的绘制者将 "敛" 误看作 "褒" 并误为人名。——孙增蕃校注

是 1937 年日本军队在一次"演习"中对中国守军发动突然袭击，即所谓的"卢沟桥事变"的历史性地点，这次事变导致了全国性的抗日战争（图 78c）。

南方各地的拱桥在结构上一般比官式桥要轻巧些。如浙江金华县的十三孔桥就是一个杰出的范例（图 78f）。南方还常可见到以石头作桥墩，上架以木梁，再铺设路面的桥，云南富民县桥可作为代表。陕西西安附近浐河、灞河上的桥是以石鼓砌桥墩，再以木头架作桥板（图 78g，h）。在福建省，常可见到用大石板铺成的桥。在四川、贵州、云南、西康〔今四川西部〕诸省，还广泛使用了悬索桥（图 78i，j）。

图 78
桥
Bridges

图 78a
河北赵县安济桥（大石桥），建于隋朝
581—618 年
An-chi Ch'iao (Great Stone Bridge),
near Chao Hsien, Hopei, Sui, 581—
618

图 78b

安济桥立面、断面及平面图
An-chi Ch'iao, plan, elevation, and section

图 78c

河北赵县永通桥立面图
Yung-t'ung Ch'iao (Little Stone Bridge), Chao Hsien, Hopei, late twelfth century, elevation

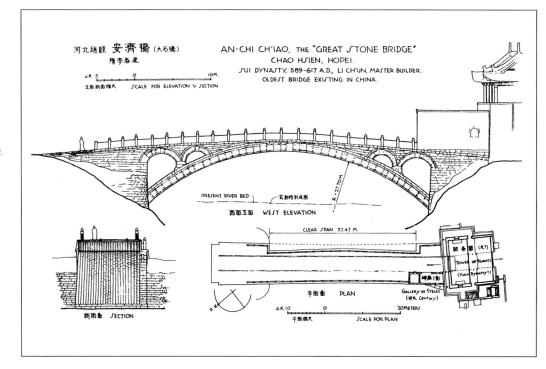

河北赵县 安济桥（大石桥）
隋李春建

0尺5　　　　　10M.
立面断面摺尺　SCALE FOR ELEVATION & SECTION

AN-CHI CH'IAO, THE "GREAT STONE BRIDGE"
CHAO HSIEN, HOPEI.
SUI DYNASTY, 589-617 A.D., LI CH'UN, MASTER BUILDER.
OLDEST BRIDGE EXISTING IN CHINA.

PRESENT RIVER BED　实测时水面
R=27.70M
西面立面　WEST ELEVATION

CLEAR SPAN 37.47 M.

断面图　SECTION

平面图　PLAN

关帝阁（天?）
TOWER OF KUANTI (Xxxx Dynasty?)
碑廊（角）
GALLERY OF STELES (18th Century)

0尺10　　　0　　　　20 METERS
平面摺尺　SCALE FOR PLAN

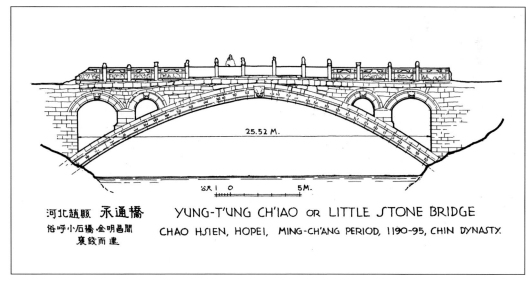

25.52 M.

公尺1　0　　　　5M.

河北赵县 永通桥
俗呼小石桥·金明昌间
裹致而建

YUNG-T'UNG CH'IAO OR LITTLE STONE BRIDGE
CHAO HSIEN, HOPEI, MING-CH'ANG PERIOD, 1190-95, CHIN DYNASTY.

清官式三孔石桥做法要略
Ch'ing rules for constructing a
three-arched bridge

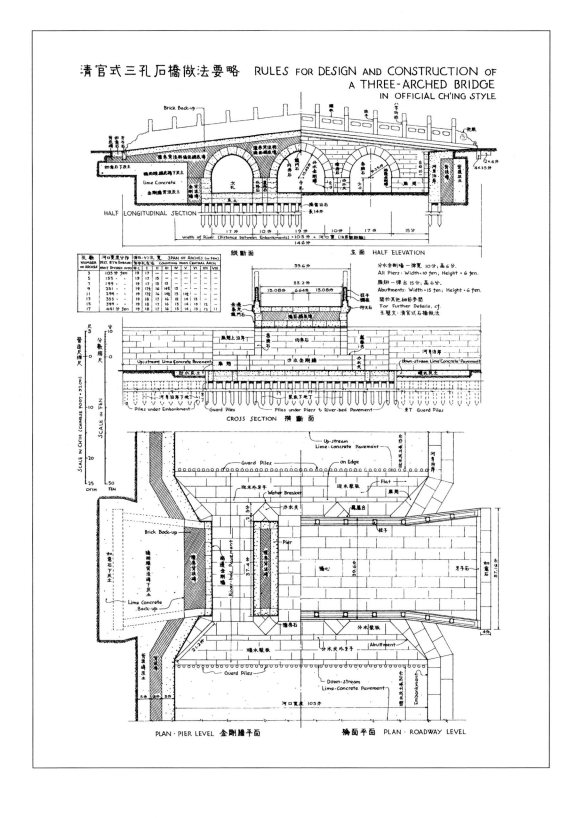

图 78e
北京卢沟桥，建于 18 世纪
Lu-kou Ch'iao (Marco Polo Bridge),
Peking, eighteenth century

图 78f
浙江金华十三孔桥，建于 1694
年（梁思成 摄于 1934 年）
Thirteen-arched bridge, Chin-hua,
Chekiang, 1694

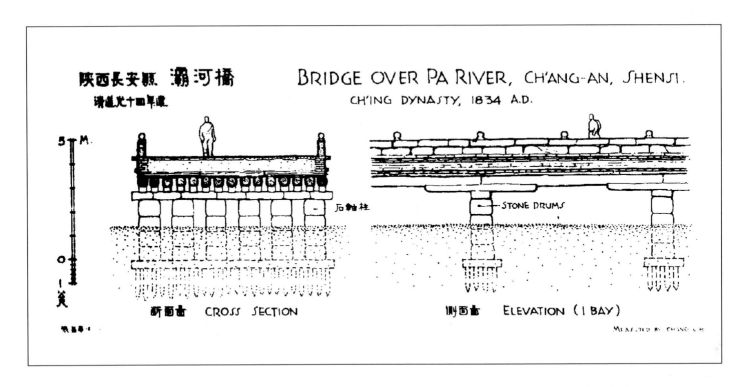

陕西长安县 灞河桥
清道光十四年建

BRIDGE OVER PA RIVER, CH'ANG-AN, SHENSI.
CH'ING DYNASTY, 1834 A.D.

石轴柱

断面图 CROSS SECTION

STONE DRUMS

侧面图 ELEVATION (1 BAY)

MEASURED BY CHANG C.H.

图78g

灞河桥断面及侧面图
Bridge over Pa River, Sian, Shensi,
1834, elevation and section

图78h

灞河桥细部（张昌华 摄于1930年
代——本版次编辑者补注）
Detail of Pa River bridge

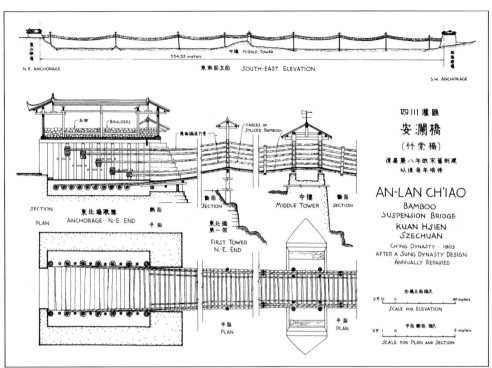

图 78i

四川灌县竹索桥，建于 1803 年

Bamboo suspension bridge, Kuan Hsien, Szechuan, 1803

图 78j

竹索桥断面、立面及平面图

Kuan Hsien suspension bridge, elevation, plan, and section

其他砖石建筑

台

早在殷代，已常有为了娱乐目的而筑台的做法。除史籍中有大量关于筑台的记载外，在华北地区，至今仍有许多古台遗迹。其中较著名的，有今河北易县附近战国时燕下都（公元前3世纪末）遗址的十几座台。但都只剩下一些20—30英尺〔7—10米〕左右的土墩，其原貌已不可考了。

用于宗教目的的台称作坛。北京天坛的圜丘坛就是其中最为壮观的一座。天坛是每年农历元旦黎明时皇帝祭天的地方，创建于1420年〔明永乐十八年〕，但曾于1754年〔清乾隆十九年〕大部重修。丘是以白石砌筑的一座圆坛，共有三层，逐层缩小，各有栏杆环绕，四方有台阶通向坛上（图79a）。其他地方的坛，如北京的地坛、先农坛等等，则仅仅是一些低矮、单调的平台，没有什么装饰。

河南登封县附近告成镇的观星台（图79b）[校注一三]，从建筑学的角度看意义不大，但可能使研究古天文学的学生大感兴趣。这是元代郭守敬所筑的九台之一，用以在每年冬至和夏至两天中观测太阳的高度角。

[校注一三] 此处原文及附图标题中的名称均误，译文已按作者所著《中国建筑史》（见《梁思成文集》三）改正——孙增蕃校注

图 79
台
Terraces

图 79a
北京天坛圜丘，始建于 1420 年，
1754 年重修
Altar of Heaven (Yuan-ch'iu), at Temple
of Heaven, Peking, 1420, repaired
1754

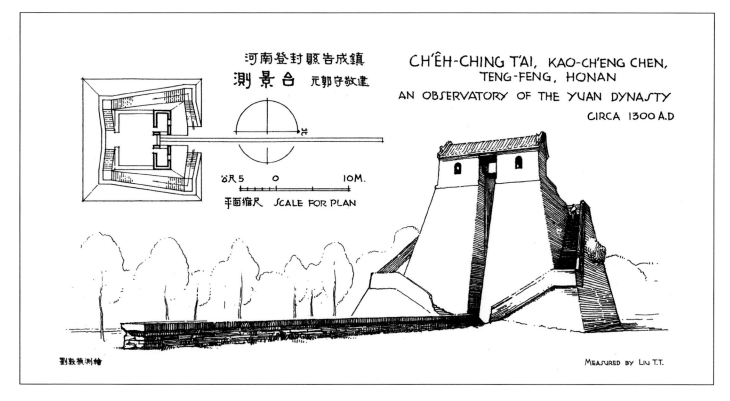

河南登封县告成镇
测景台 元郭守敬建

CH'ÊH-CHING T'AI, KAO-CH'ENG CHEN,
TENG-FENG, HONAN
AN OBSERVATORY OF THE YUAN DYNASTY
CIRCA 1300 A.D

公尺 5　0　10M.
平面缩尺　SCALE FOR PLAN

劉敦楨測繪

MEASURED BY LIU T.T.

图 79b
河南登封县告成镇测景台平面及透视图
Ts'e-ching T'ai, a Yuan observatory, Kao-ch'eng Chen, near Teng-feng, SungShan, Honan, ca.1300

牌楼

中国所特有的牌楼，是用来使入口处壮观的一种建筑物，如同汉代的阙一样。作为标志性的独立大门，它可能受到过印度影响，而不仅与著名的印度桑溪窣堵波入口（建于公元前25年）偶然相似而已。

现存最古的牌楼可能要推河北正定县隆兴寺牌楼，它大约建于宋代，但上部在后世修缮时原貌已大改。在《营造法式》中，把与此类似的大门称为乌头门。在唐代文献中，也常见到这个名词。然而，直到明代这种建筑物才广为流行。

这类建筑物中最庄严的一座是北京昌平明十三陵入口处的白石牌楼（1540年）〔嘉靖十九年〕（图80a）。清代皇陵也有类似的牌楼，但规模较小。全国其他地方还有不计其数的石牌楼，其形制各异。四川广汉县的五座牌楼，就其单座形式而言是典型的，但成组布置却很少见，实为壮观（图80b）。

在北京，木构牌楼很多。〔成贤〕街上的一座以及颐和园湖前的一座是其中的两个典型（图80c，d）。此外，北京还有不少砖砌券门做成牌楼形式，并饰以琉璃（图80e）。

图80
牌楼
P'ai-lou Gateways

图80a
北京昌平明十三陵入口处白石牌楼
Marble *p'ai-lou*, at entrance to Ming Tombs, Ch'ang-p'ing, Peking, 1540

图80b
四川广汉附近的五座牌楼
Five related *p'ai-lou*, near Kuang-han, Szechuan

图 80c
北京街道上的牌楼
Street *p'ai-lou*, Peking

图 80d
北京颐和园湖前牌楼
Lakefront *p'ai-lou*, Summer Palace, Peking

图 80e
北京国子监琉璃牌楼
Glazed terra-cotta *p'ai-lou*, Kuo-tzu Chien, Peking

中国朝代和各时期与公元年代对照

Shang-Yin Dynasty	商-殷	ca.1766–ca.1122 B.C.
Chou Dynasty	周	ca.1122–221 B.C.
Warring States Period	春秋战国	403–211 B.C.
Ch'in Dynasty	秦	221–206 B. C.
Han Dynasty	汉	206 B.C.–220 A.D.
Eastern Han	东汉	25–220
Six Dynasties	六朝	ca.220–581
Northern Wei Period	北魏	386–534
Northern Ch'i Period	北齐	550–577
Sui Dynasty	隋	581–618
T'ang Dynasty	唐	618–907
Five Dynasties	五代	907–960
（Northern）Sung Dynasty	北宋	960–1126
Liao Dynasty	辽	947–1125（in North China）
（Southern）Sung Dynasty	南宋	1127–1279
Chin Dynasty	金	1115–1234（in North China）
Yuan Dynasty（Mongol）	元	1279–1368
Ming Dynasty	明	1368–1644
Ch'ing Dynasty（Manchu）	清	1644–1912
Republic	中华民国	1912–1949
Sino-Japanese War	抗日战争	1931–1945
People's Republic	中华人民共和国	1949 至今

技术术语一览

"accounted heart" 见 Chi-hsin

an 庵

ang 昂

ch'a-shou 叉手

che-wu 折屋

ch'en-fang t'ou 衬枋头

chien-chu 建筑

chi-hsin 计心

ch'i 栔

ch'iao 桥

chih 栀

chien 间

chin-kang pao-tso t'a 金刚宝座塔

ching-chuang 经幢

ch'ing-mien ang 琴面昂

chu 柱

chu ch'u 柱础

chu-ju-chu 侏儒柱

chti-che 举折

chu-chia 举架

chu-kao 举高

chuan-chien 攒尖

ch'uan 椽

ch'üeh 阙

ch'ung-kung 重栱

Dhanari column 经

fang 枋

fang-ch'eng ming-lou 方城明楼

fen 分

feng-shui 风水

fu-chiao lu-tou 附角栌斗

fu-tien 庑殿

full ts'ai 足材

grass hopper head 蚂蚱头

hsieh-shan 歇山

hsuan-shan 悬山

hua-kung 华栱

jen-tzu kung 人字栱

jump 跳

ke 阁

kuan 观

kung 宫

kung 栱

lan-e 阑额

lang 廊

liang 梁

ling 檩

ling-chiao ya-tzu 菱角牙子

lou 楼

lu-tou 栌斗

ma-cha t'ou 蚂蚱头

miao 庙

ming-fu 明栿

ming-pan 皿板

p'ai-lou 牌楼

pi-tsang 壁藏

p'i-chu ang 批竹昂

pu 步

p'ing-tso 平座

p'u-p'ai fang 普拍枋

san-fu yun 三福云

sha 刹

shan-men 山门

shu-chu 蜀柱

shu-mi-tso 须弥座

shu-yao 束腰

shua-t'ou 耍头

ssu 寺

stolen heart 偷心

stupa 窣堵波

t'a 塔

t'ai 台

tan-kung 单栱

t'an 坛

ti-kung 地宫

t'i-mu 替木

t'iao 跳

tien 殿

t'ien-hua 天花

t'ing-tzu 亭子

to-tien 朵殿

t'o-chiao 托脚

tou 斗

tou-k'ou 斗口

tou-kung 斗栱

t'ou-hsin 偷心

ts'ai 材

tsao-ching 藻井

ts'ao-fu 草栿

tsu-ts'ai 足材

tsuan-chien 攒尖

wen-fang t'a 文风塔

wu-liang tien 无梁殿

wu-t'ou men 乌头门

yen 檐

ying shan 硬山

yueh-liang 月梁

部分参考书目

Chinese Sources

Shortened Names of Publishers in Peking

Chien-kung: Chung-kuo chien-chu kung-yeh ch'u-pan-she 中国建筑工业出版社（China Building Industry Press）

Ch'ing-hua: Ch'ing-hua ta-hsueh chien-chu hsi 清华大学建筑系（Tsing Hua University, Department of Architecture）

Wen-wu: Wen-wu ch'u-pan-she 文物出版社（Cultural Relics Publishing House）

YTHS: Chung-kuo ying-tsao hsueh-she 中国营造学社（Society for Research in Chinese Architecture）

Publications

Bulletin, Society for Research in Chinese-Architecture. See *Chung-kuo ying-tsao hsueh-she hui-k'an*.

Chang Chung-yi 张仲一，Ts'ao Chien-pin 曹见宾，Fu Kao-chieh 傅高杰，Tu Hsiu-chn 杜修均 . *Hui-chou Ming-tai chu-chai* 徽州明代住宅（Ming period houses in Hui-chou [Anhwei]）. Peking: Chien-kung, 1957.
A useful study of domestic architecture

Ch'en Ming-ta 陈明达 .*Ying-Hsien mu-t'a* 应县木塔（The Ying Hsien Wooden Pagoda）. Peking: Wen-wu, 1980.

Important text, photographs, and drawings by Liang's former student and colleague. English abstract.

——. *Ying-tsao fa-shih ta-mu-tso yen-chiu* 营造法式大木作研究（Research on timber construction in the Sung manual *Building Standards*）. Peking:Wen-wu,1981.
A continuation and development of Liang's research.

Ch'en Wen-lan 陈文澜 , ed. *Chung-kuo chien-chu ying-tsao t'u-ch'i* 中国建筑营造图集（Chinese architectural structure: Illustrated reference manual）. Peking: Ch'ing-hua（nei-pu）（内部）, 1952. No text; for internal use only.

Chien-chu k'e-hsueh yen-chiu-yuan, Chien-chu li-lun chi li-shih yen-chiu-shih, Chung-kuo chien-chu shih pien-chi wei-yuan-hui 建筑科学研究院建筑理论研究室中国建筑史编辑委员会（Editorial Committee on the History of Chinese Architecture, Architectural Theory and History Section, Institute of Architectural Science). *Chung-kuo ku-tai chien-chu chien-shih* 中国古代建筑简史 (A summary history of ancient Chinese architecture). Peking: Chien-kung, 1962.

——.*Chung-kuo chin-tai chien-chu chien shih* 中国近代建筑简史 (A summary history of modern Chinese architecture). Peking: Chien-kung, 1962.

Chien-chu kung-ch'eng pu, Chien-chu k'e-hsueh yen-chiu-yuan, Chien-chu li-lun chi li-shih yen-chiu-shih 建筑工程部建筑科学研究院建筑理论及历史研究室（Architectural Theory and History Section, Institute of Architectural Science, Ministry of Architectural Engineering）. *Pei-ching ku chien-chu* 北京古建筑（Ancient architecture in Peking）. Peking:Wen-wu,1959.
Illustrated with excellent photographs.

Chung-kuo k'e-hsueh yuan T'u-mu chien-chu yen-chiu-so 中国科学院土木建筑研究院（Institute of Engineering and Architecture, Chinese Academy of Sciences）, and Ch'ing-hua ta-hsueh Chien-chu hsi 清华大学建筑系

（Department of Architecture, Tsing Hua University）, comp. *Chung-kuo chien-chu* 中国建筑（Chinese architecture）. Peking: Wen-wu, 1957.
Very important text and pictures, supervised by Liang.

Chung-kuo ying-tsao hsueh-she hui-k'an 中国营造学社汇刊（Bulletin, Society for Research in Chinese Architecture）. Peking,1930-1937, vol.1, no.1-vo1.6, no.4; Li-chuang,Szechuan, 1945.vol. 7, nos. 1-2.

Liang Ssu-ch'eng 梁思成 . *Chung-kuo i-shu shih: Chien-chu p'ien ch'a-t'u* 中国艺术史：建筑篇插图（History of Chinese arts: Architecture volume, illustrations）. N.p.,n.d., [before 1949]

——, Zhang Jui 张锐 . *T'ien chin t'e-pieh-shih wu-chih chien-she fang-an* 天津特别市物质建设方案（Construction plan for the Tientsin Special City）. N.p.,1930.

——, Liu Chih-p'ing 刘致平 , comp. *Ch'ien chu she-chi ts'an-k'ao t'u-chi* 建筑设计参考图集（Reference pictures for architectural design）. 10 vols. Peking: YTHS, 1935-1937.
Important reference volumes treating ptatforms, stone balustrades, shop fronts, brackets, glazed tiles, pillar bases, outer eave patterns, consoles,and caisson ceilings.

——.*Ch'ing tai ying-tsao tse-li* 清式营造则例（Ch'ing structural regula-tions）. Peking:YTHS,1934;2nd ed., Peking: Chung-kuo chien-chu kung-yeh ch'u-pan-she, 1981.
Interpretation of text from field studies.

——, ed. *Ying tsao suan-li* 营造算例（Calculation rules for Ch'ing architecture）. Peking: YTHS, 1934.The original Ch'ing text of the *Kung-ch'eng tso-fa tse li*,edited and reorganized by Liang.

——. *Ch'ü-fu K'ung-miao chien-chu chi ch'i hsiu-ch'i chi-hua* 曲阜孔庙建筑及其修葺计划（The architecture of Confucius'temple in Ch'ü-fu and a plan for its renovation）. Peking: YTHS, 1935.

—— . *Jen min shou-tu ti shih-cheng chien-she* 人民首都的市政建设（City construction in the People's Capital）. Peking: Chung-hua ch'uan-kuo k'e-hsueh chi-shu p'u-chi hsieh-hui 中华全国科学技术普及协会 , 1952.
Lectures on planning for Peking.

—— , ed. *Sung ying-tsao fa-shih t'u-chu* 宋营造法式图注（Drawings with annotations of the rules for structural carpentry of the Sung Dynasty）. Peking: Ch'ing-hua（nei-pu）（内部）, 1952.
No text; for internal use only.

—— , ed.-*Ch'ing-shih ying-tsao tse-li t'u-pan* 清式营造则例图版（Ch'ing structural regulations: Drawings）. Peking: Ch'ing-hua（nei-pu）（内部）, 1952.
No text; for internal use only.

—— ed. *Chung-kuo chien-chu sbih t'u-lu* 中国建筑史图录（Chinese architectural history: Drawings）. Peking: Ch'ing-hua（nei-pu）（内部）, 1952.
No text; for internal use only.

—— . *Tsu-kuo ti chien-chu* 祖国的建筑（The Architecture of the Motherland）. Peking: Chunghua ch'uan-kuo k'e-hsueh chi-shu p'u-chi hsieh-hui, 中华全国科学技术普及协会 , 1954.
A popularization.

—— . *Chung-kuo chien-chu shih* 中国建筑史（History of Chinese architectur）. Shanghai: Shang-wu yin-shu kuan 商务印书 , 1955.
Photocopy of his major general work, handwritten in wartime, ca.1943. Published for university textbook use only. Unillustrated.

—— . *Ku chien-chu lun-ts'ung* 古建筑论丛（Collected essays on ancient architecture）. Hong Kong; Shen-chou t'u-shu kung-ssu 神州图书公司 , 1975.
Includes his study of Fo-kuang Ssu.

——. *Liang Ssu-ch'eng wen-chi* 梁思成文集（Collected essays of Liang Ssu-ch'eng）. Vol.1.Peking: Chien- kung,1982.

First of projected series of six volumes.

Liu Chih-p'ing 刘致平 *Chung-kuo chien-chu ti lei-hsing chih chieh-ko* 中国建筑的类型和结构（Chinese building types and structure）. Peking:Chien-kung, 1957.

Important work by Liang's student and colleague.

Liu Tun-chen [Liu Tun-tseng] 刘敦桢, ed. *P'ai-lou suan-li* 牌楼算例（Rules of calculation for P'ai- lou）. Peking: YTHS,1933.

——. *Ho-pei sheng hsi-pu ku chien-chu tiao-ch'a chi-lueh*, 河北省西部古建筑调查纪略（Brief report on the survey of ancient architecture in Western-Hopei）.Peking:YTHS,1935.

——. *I Hsien Ch'ing Hsi-ling* 易县清西陵（Western tombs of the Ch'ing emperors in I Hsien, Hope）.Peking: YTHS, 1935.

——. *Su-chou ku chien-chu tiao-ch'a chi*, 苏州古建筑调查记（A report on the survey of ancient architecture in Soochow）. Peking:YTHS,1936.

——, Liang Ssu-ch'eng 梁思成 *Ch'ing Wen-yuan ke shih-ts'e t'u-shuo* 清文渊阁实测图说（Explanation with drawings of the survey of Wen-yuan Ke of the Ch'ing）. N.p.,n.d. [before 1949] .

——. *Chung-kuo ehu-chai kai-shuo* 中国住宅概说（A brief study of Chinese domestic architecture）. Peking:Chien-kung,1957.

Also published in French and Japanese editions.

——, ed. *Chung-kuo ku-tai chien-chu shih* 中国古代建筑史（A history of ancient Chinese architecture）.Peking:Chien-kung,1980.

An important textbook.

——. *Liu Tun-chen wen-ehi* 刘敦桢文集（Collected essays of Liu Tun-chen）.Vol. l. Peking: Chien-kung,1982.

Lu Sheng 卢绳 *Ch'eng-te ku chien-chu* 承德古建筑（Ancient architecture in Chengte）. Peking: Chien-kung,n.d. [ca.1980] .

Yao Ch'eng-tsu 姚承祖, Chang Yung-sen 张镛森. *Ying-tsao fa-yuan* 营造法原,（Rules for building）. Peking: Chien-kung n.d. [ca.1955] .

A unique account, written several centuries ago, of construction methods in the Yangtze Valley.

Western-Language Sources

Boerschmann, E. *Chinesische Architektur*. 2 vols. Berlin: Wasmuth,1925.

Boyd, Andrew. *Chinese Architecture and Town Planning*, 1500 B.C.-A.D.1911. London:Alec Tiranti, 1962; Chicago: University of Chicago Press, 1962.

Chinese Academy of Architecture, comp. *Ancient Chinese Architecture*. *Peking*: China Building Industry Press; Hong Kong: Joint Publishing Co.,1982.

Recent color photographs of old buildings, many restored.

Demieville, Paul. "Che-yin Song Li Ming-tchong Ying tsao fa che." Bulletin, *Ecole Francaise d'Extreme Orient 25*（1925）:213-264.

Masterly review of the 1920 edition of the Sung manual.

Ecke, Gustav. "The Institute for Research in Chinese Architecture. I.A Short Summary of Field Work Carried on from Spring 1932 to Spring 1937." *Monumenta Serica 2*（1936-37）: 448-474.

Detailed summary by an Institute member.

——. "Chapter I : Structural Features of the Stone-Built T'ing Pagoda. A Preliminary Study." *Monumenta Serica 1*（1935/1936）: 253-276.

——. "Chapter II : Brick Pagodas in the Liao Style." *Monumenta Serica 13*（1948）: 331-365.

Fairbank, Wilma. "The Offering Shrines of 'Wu Liang Tz'u'" and "A Structural Key to Han Mural Art." In *Adventures in Retrieval: Han Murals and Shang Bronze Molds*, pp. 43-86, 89-140. Cambridge,Mass.: Harvard University Press, 1972.

Glahn, Else. "On the Transmission of the *Ying-tsao fa-shih*." *T'oung Pao* 61 （1975）: 232-265.

——. "Palaces and Paintings in Sung." In *Chinese Painting and the Decorative Style*, ed. M. Medley. London: Percival David Foundation, 1975. pp.39-51.

——. "Some Chou and Hart Architectural Terms." *Bulletin No.50, The Museum of Far Eastern Antiquities*（Stockholm, 1978）, pp. 105-118.

——.Glahn, Else. "Chinese Building Standards in the 12th Century." *Scientific American*, May 1981, pp.162-173.
Discussion of the Sung manual by the leading Western expert. （Edited and illustrated without her participation.）

Liang Ssu-ch'eng. "Open Spandrel Bridges of Ancient China. I .The An-chi Ch'iao at Chao-chou, Hopei." *Pencil Points*, January 1938,pp.25-32.

—— "Open Spandrel Bridges of Ancient China. 11 .The Yung-tung Ch'iao at Chao-chou, Hopei." *Pencil Points*, March 1938.pp.155-160.

——. "China's Oldest Wooden Structure." *Asia Magazine*, July 1941, pp.387-388.
The first publication on the Fo-kuang Ssu discovery.

——. "Five Early Chinese Pagodas." *Asia Magazine*, August 1941, pp.450-453.

Needham, Joseph. *Science and Civilization in China*. Vol.4, part 3: "Civil Engineering and Nautics." Cambridge: Cambridge University Press, 1971. pp.58-210.
Exhaustive treatment of Chinese building.

Pirazzoli-t'Serstevens, Michele. *Living Architecture: Chinese*. Translated from French. New York: Grosset and Dunlap, 1971 ;London: Macdonald, 1972.

Sickman, Laurence, and Soper, Alexander. *The Art and Architecture of China*. Harmondsworth: Penguin, 1956.3rd ed. 1968; paperback ed. 1971,reprinted 1978.
Still a leading source.

Sirén, Osvald. *The Walls and Gates of Peking*. New York:Orientalia,1924.

——. *The Imperial Palaces of Peking*. Paris and Brussels: Van Oest, 1926.3 vols.

Thilo, Thomas. *Klassische chinesische Baukunst: Strukturprinzipien und soziale Function*. Leipzig: Koehler und Amelang, 1977.

Willetts, William. "Architecture." In *Chinese Art*, 2: 653-754. New York: George Braziller, 1958.

梁思成著《图像中国建筑史》（汉译本）整理说明

我国杰出的建筑历史学家梁思成先生（1901-1972 年）所著英文书稿 *A Pictorial History of Chinese Architecture*（汉译书名《图像中国建筑史》）是中国建筑历史学界的一部学术名著。其从写作到出版面世，是一个漫长复杂曲折的过程。根据目前所能掌握的资料[1]，现扼要记录如下四个阶段：

其一，梁思成先生在其夫人林徽因（1904-1955 年，中国营造学社社员）和同事莫宗江（1916-1999 年，时任中国营造学社副研究员）的协助下，于 1946 年完成英文书稿 *A Pictorial History of Chinese Architecture* 的写作，同时为此书稿选配了全套的照片、图纸。所配图纸基本上是莫宗江先生手绘（其中部分图纸系据其他成员原图重绘），照片也基本上是中国营造学社历年考察所摄。

其二，几经周折近四十年，英文书稿 *A Pictorial History of Chinese Architecture* 直至 1984 年方由美国麻省理工学院出版社印刷出版。在这一版次的编辑过程中，费慰梅女士（Wilma Canon Fairbank，1909—2002 年）在梁思成遗孀林洙女士的支持下做了大量的整理审校工作，并得到莫宗江、陈明达、傅熹年、孙增蕃等多位中国学者的帮助。

其三，大致在英文版 *A Pictorial History of Chinese Architecture* 面世不久，梁思成先生之哲嗣梁从诫先生（1932—2010 年）即开始将英文稿汉译。经五年左右的努力，于 1991 年由中国建筑工业出版社印刷出版了英汉双语版的《图像中国建筑史（*A Pictorial History of Chinese Architecture*）》。出版社特邀孙增蕃先生（约 1912—1990 年，一位建筑设计与理论两方面均有深厚造诣的学者）作全书校阅工作，而这一工作又是在著名建筑历史学家陈明达先生（1914—1997 年）的古建筑专业指导下进行的。此番校阅的工作成果（勘误及补注说明）采纳于汉译文本之中；而其英文校勘记录则列表为"英文本勘误（ERRATA OF THE ENGLISH TEXT）"。

---

[1] 参阅费慰梅、梁从诫在本书文前部分所述。

194

其四，经过又一轮次的校阅工作（将"英文本勘误（ERRATA OF THE ENGLISH TEXT）"采纳为英语文本中之"译校注"等），英汉双语版《图像中国建筑史（*A Pictorial History of Chinese Architecture*）》收录为《梁思成全集》第八卷，于 2001 年由中国建筑工业出版社出版面世。这一版次可能是这一学术名著迄今为止最接近完美的版本（尽管也难免存在极少数的排版讹误）。

回顾上述出版历程，值得称道的首先是费慰梅女士所坚持的编辑原则：尽量保持原作风貌——除必要的文字校雠外，个别的图纸资料如确实需要有所增删勘误，则注明是编辑所为（如图 30h、i，注明"二图为后来新加，不在英文原稿之内"）。不过，大概受当时学术规范的影响，1984 年版书中所补充若干张原稿中因清晰度和表现力的问题而作替换处理的照片并未予以注明——原书稿所配照片显然应是摄于 1946 年之前的照片，而出版成书中却有若干在此之后的照片。

英文书稿汉译及汉译稿审校工作也同样值得称道。这个阶段的工作成果首先得益于翻译者梁从诫先生的不懈努力；而孙增蕃、陈明达二位先生合作的审校工作也是尽心尽力、功不可没的，保证了译文在可读性基础上的专业性方面的准确。这里特别要强调，1935 年毕业于中央大学建筑系的孙增蕃先生，他为译文校订，特别是在古建筑专业术语的译法和准确诠释方面，不辞辛劳、锱铢必较，务求信达雅兼备。这方面同样功不可没的，是陈明达先生为书稿专业术语诠释翻译所作的专业指导。这在客观上使得陈明达先生对乃师学术思想的探究持续到他自己的晚年，也是促使他加紧撰写《营造法式辞解》的推动力之一，可称为一段学坛佳话。

《图像中国建筑史（*A Pictorial History of Chinese Architecture*）》完整体现了作者的写作初衷："……借助于若干典型实例的照片和图解来说明中国建筑体系的发展及其形制的演变"，并由此引发一系列持续至今的学术思考，如"中国传统的建筑结构体系能够使用这些材料并找到一种新的表现形式吗？可能性是有的，但绝不应是盲目地'仿古'，而必须有所创新"，等等。之所以能够完成这一名著的写作，作者自己的深思熟虑、远见卓识是主要原因，同时也包含着中国营造学社其他主要成员（朱启钤、刘敦桢、刘致平、陈明达、邵力工、王璧文、单士元、卢绳、王世襄、罗哲文等）的工作成果，是其形成学术观点的必要支撑；而在英文稿、汉译稿的编辑出版过程中，又有孙增藩、傅熹年、殷一和、奚树祥等的加入。或者说，这部篇幅并不很长的著作，既是梁思成学术思想的展示，也凝聚着中国营造学社创立以来几代学者的辛勤劳作。

在大力倡导民族文化继承与创新的今天，本社决定再次向读者推介这部建筑历史学名著。我们的编辑整理工作有如下两点考量。

其一，必须沿袭费慰梅"严格忠于他的愿意"的编辑原则，尽量保持原作风貌和历史信息；

其二，本着中国文化史上的经学校雠疏证传统，对全书再做一个轮次的校订，力图为读者提供一个更加接近完美的版本。

为此，本社编辑以 2001 年《梁思成全集》第八卷为蓝本，参阅 1984、1991 年两个版次作重新校订，最终形成了如今这样一个与前三版大体相同而略有差异的版本。

一、对书稿文字部分校订、著录问题的补充说明

本书的原 1984、1991、2001 年三个版次均留有费慰梅、梁从诚、孙增藩等的校注痕迹，本版次也增加了若干条校订说明。体例调整如下。

1. 之前的各版次的校订均按原格式予以保留（文内以方括号〔〕标示，脚注加校注者姓名）。

2. 本版次所作新的校注，表现为另加脚注并注明是"本版次编辑者补注"；另有若干条新增校订系据陈明达旧藏英文版中之批注所加，注明为"陈明达补注"或"陈明达批注"。

3. 个别标点符号按现行规范予以调整，不再另加标注。

4. 本版次新发现的文字讹误数量很少，在文内改正，不再一一补注，现记录如下：

（1）1991、2001 年两个双语版次中的《南方的构造方法》一节，正文与图注之"浙江武义山区民居 Mountain homes, Wu-i, Chekiang"均误译为"浙江武夷山区民居"。

（2）1984、1991 年两个双语版次之"技术术语一览"中，"栔"误排作"契"。

（3）1984、1991、2001 年三个版次之"技术术语一览"中，"明栿""草栿"之"栿"均误排为"袱"。

（4）2001 年版次中之"部分参考书目"，《承德古建筑》的作者卢绳误排为"庐绳"。

（5）1984、1991、2001 年三版次中之"部分参考书目"，所列"Ch'ing tai ying-tsao tse-li 清代营造则例"，应是"Ch'ing-shih ying-tsao tse-li 清式营造则例"之误。

二、对书稿选配图纸出处的补充说明

本书所配插图列序号 80，包括图纸 87 张、照片 142 张，图照合计 229 张（不含文前部分的 1 张照片、2 张地图）。

梁思成先生在前言中说："本书所用资料，几乎全部选自中国营造学社的学术档案……这些实地调查，都是由原营造学社文献部主任、现中央大学工学院院长、建筑系主任刘敦桢教授或我本人主持的……我也要对我的同事、营造学社副研究员莫宗江先生致谢。我的各次实地考察几乎都有他同行；他还为本书绘制了大部分图版。"这段文字是按照当时的学术规范所写，并无不妥之处——中国营造学社成员们在建筑实测中所积累下的资料被认可为团体成果，每人都拥有使用权，只须注明主要负责人、执笔人即可。不过，按现行规范衡量，这样的做法也确实略嫌粗略，忽略了一些人所做具体项目的成绩（如刘致平、陈明达、卢绳等，也包括梁思成本人的绘图、摄影等工作）。因此，本版次整理者按目前所能掌握的文献资料查证，略作补充，如下：

1. 本书所收录 87 张绘图，图面上大多无明确署名，有测绘者姓名标示者共 8 张：图 11a "四川彭山县江口镇附近汉崖墓建筑及雕饰——平面及详图"，图面注明其选自"陈明达《彭山崖墓》未刊稿"；图 13 "独立式汉墓石室"、图 19 "齐隋建筑遗例"、图 62 "云南镇南县马鞍山井干构民居"、图 64e "河南登封县会善寺净藏禅师塔平面图"、图 66a "嵩岳寺塔平面图"、图 79b "河南登封县告成镇测景台平面及透视图"，均有"刘敦桢测绘"字样，已有文献表明其为刘敦桢主持实地调查、陈明达绘图 [1]；图 78g "灞河桥断面及侧面图"，图面有"张昌华测绘"字样（张昌华资料待考）。据现有历史文献、原营造学社部分成员的生前口述资料以及《中国营造学社汇刊》

---

[1]　参阅：殷力欣.莫宗江先生古建筑测绘图考略（上）.见：中国建筑文化遗产（第 20 期）.天津大学出版社，2017 年 4 月。

等所刊载原图的笔迹分析，上述八图中除图 78g 为例外，其余可基本确定是莫宗江据陈明达所绘旧图稿重绘。

2. 图 2 "中国建筑之'柱式'（斗栱、檐柱、柱础）"，费慰梅注云："本图是梁氏所绘图版中最常被人复制的一张"，似可证明系莫宗江据梁思成原图重绘。而同样的情况可能还有图 1 "中国木构建筑主要部分名称图"、图 8 "清工程做法则例大式大木作图样要略"、图 28b "河北宝坻广济寺三大士殿——平面及断面外观"、图 32 "历代斗栱演变图"、图 37 "历代耍头（梁头）演变图"等。

3. 图 68c "江苏吴县罗汉院双塔渲染图"、图 68d "吴县罗汉院双塔平面、断面及详图"，可基本确定为刘敦桢实地调查，陈明达绘图，莫宗江据陈明达旧图稿重绘。

4. 图 12 "汉代石阙"、图 40c "河南登封县少林寺初祖庵——平面图补间铺作及柱头铺作"、图 45c "河北曲阳北岳庙德宁殿平面"、图 66a "嵩岳寺塔平面图"、图 69e "祐国寺铁塔平面"，也基本可确定为莫宗江据陈明达旧图稿重绘。

5. 图 9 "采桑猎钫拓本宫室图（战国）"系莫宗江据故宫博物院旧藏拓本绘制，图 10 "河南安阳殷墟'宫殿'遗址"系据中央研究院史语所原图重绘，图 22 "唐代佛殿图"系据陕西长安大雁塔西门门楣石画像摹绘，图 76d "清昌陵地宫断面及平面图"系据"国立北平图书馆藏样式房雷氏图"重绘。

6. 图 29e "大同华严寺薄伽教藏殿配殿斗栱中替木"、图 36 "昂嘴的演变"，是费慰梅在英文稿编辑时所添加，也很可能是她本人所绘（另外还有 2 张添加配图可证为莫宗江绘制）。

故全部 87 张图中，除费慰梅新增 2 张外，85 张均出自莫宗江先生手笔，而其中约 25 张是据其他人的旧图稿重绘，约 60 张可确认为莫宗江原绘，即梁思成先生所说的"为本书绘制了大部分图版"。

三、对书稿选配照片出处的补充说明

本书所录摄影照片 142 张，大多数为中国营造学社历次考察所摄，大致有如下人员参与其中：梁思成、刘敦桢、莫宗江、陈明达、刘致平、邵力工、赵正之、王璧文、卢绳等，但具体一帧照片的摄影者是谁，是难以一一辨析的。根据《中国营造学社汇刊》以及其他一些书刊所载的相关文献记录，目前能够确认若干单幅照片的摄影者，但为数很少。此外，在 1980 年代初编辑英文版时，因故替补了一些 1946 年之后的照片。这些替补照片大致是文化部古代建筑修整所（今中国文化遗产研究院）联合业内专家学者，在 20 世纪 50 年代至 80 年代进行古建筑专项调研时所摄（多数摄影者的姓名待考）。相比之前各版次，本版次在照片配图的著录方面略有调整。

1. 摄影者及摄影时间有确切记录的，本书在对应图注补加。

2. 1984 年英文版与 2001 年《梁思成全集》版次中的"图 73c T'ien-ning Ssu T'a, Anyang, Honan（河南安阳天宁寺塔）"均错放为一张"北京八里庄慈寿寺塔"照片，此次予以替换。

3. 对原图注有所补充者，注明为"本版次编辑者补注"。

4. 另有 2 张照片系 1946 年之前中国营造学社征集所得，1 张照片为古建筑模型照片，均在原图注中新加一条补注。

5. 未注明摄影者、摄影时间的，均为中国营造学社成员们在 1932—1946 年的历次考察中所摄。

本社特约知名学者殷力欣等专业人士参与本版次校阅工作，特致谢忱。

五洲传播出版社

2024 年 6 月